Aprender

Eureka Math®
4.º grado
Módulo 3

Publicado por Great Minds®.

Copyright © 2019 Great Minds®.

Impreso en los EE. UU.

Este libro puede comprarse en la editorial en eureka-math.org.

1 2 3 4 5 6 7 8 9 10   BAB   25 24 23 22 21

ISBN 978-1-64054-991-3

G4-SPA-M3-L-05.2019

Aprender ◆ Practicar ◆ Triunfar

Los materiales del estudiante de *Eureka Math*® para *Una historia de unidades*™ (K–5) están disponibles en la trilogía *Aprender, Practicar, Triunfar*. Esta serie apoya la diferenciación y la recuperación y, al mismo tiempo, permite la accesibilidad y la organización de los materiales del estudiante. Los educadores descubrirán que la trilogía *Aprender, Practicar y Triunfar* también ofrece recursos consistentes con la Respuesta a la intervención (RTI, por sus siglas en inglés), las prácticas complementarias y el aprendizaje durante el verano que, por ende, son de mayor efectividad.

Aprender

Aprender de *Eureka Math* constituye un material complementario en clase para el estudiante, a través del cual pueden mostrar su razonamiento, compartir lo que saben y observar cómo adquieren conocimientos día a día. *Aprender* reúne el trabajo en clase—la Puesta en práctica, los Boletos de salida, los Grupos de problemas, las plantillas—en un volumen de fácil consulta y al alcance del usuario.

Practicar

Cada lección de *Eureka Math* comienza con una serie de actividades de fluidez que promueven la energía y el entusiasmo, incluyendo aquellas que se encuentran en *Practicar* de *Eureka Math*. Los estudiantes con fluidez en las operaciones matemáticas pueden dominar más material, con mayor profundidad. En *Practicar*, los estudiantes adquieren competencia en las nuevas capacidades adquiridas y refuerzan el conocimiento previo a modo de preparación para la próxima lección.

En conjunto, *Aprender* y *Practicar* ofrecen todo el material impreso que los estudiantes utilizarán para su formación básica en matemáticas.

Triunfar

Triunfar de *Eureka Math* permite a los estudiantes trabajar individualmente para adquirir el dominio. Estos grupos de problemas complementarios están alineados con la enseñanza en clase, lección por lección, lo que hace que sean una herramienta ideal como tarea o práctica suplementaria. Con cada grupo de problemas se ofrece una Ayuda para la tarea, que consiste en un conjunto de problemas resueltos que muestran, a modo de ejemplo, cómo resolver problemas similares.

Los maestros y los tutores pueden recurrir a los libros de *Triunfar* de grados anteriores como instrumentos acordes con el currículo para solventar las deficiencias en el conocimiento básico. Los estudiantes avanzarán y progresarán con mayor rapidez gracias a la conexión que permiten hacer los modelos ya conocidos con el contenido del grado escolar actual del estudiante.

Estudiantes, familias y educadores:

Gracias por formar parte de la comunidad de *Eureka Math®*, donde celebramos la dicha, el asombro y la emoción que producen las matemáticas.

En las clases de *Eureka Math* se activan nuevos conocimientos a través del diálogo y de experiencias enriquecedoras. A través del libro *Aprender* los estudiantes cuentan con las indicaciones y la sucesión de problemas que necesitan para expresar y consolidar lo que aprendieron en clase.

¿Qué hay dentro del libro Aprender?

Puesta en práctica: la resolución de problemas en situaciones del mundo real es un aspecto cotidiano de *Eureka Math*. Los estudiantes adquieren confianza y perseverancia mientras aplican sus conocimientos en situaciones nuevas y diversas. El currículo promueve el uso del proceso LDE por parte de los estudiantes: Leer el problema, Dibujar para entender el problema y Escribir una ecuación y una solución. Los maestros son facilitadores mientras los estudiantes comparten su trabajo y explican sus estrategias de resolución a sus compañeros/as.

Grupos de problemas: una minuciosa secuencia de los Grupos de problemas ofrece la oportunidad de trabajar en clase en forma independiente, con diversos puntos de acceso para abordar la diferenciación. Los maestros pueden usar el proceso de preparación y personalización para seleccionar los problemas que son «obligatorios» para cada estudiante. Algunos estudiantes resuelven más problemas que otros; lo importante es que todos los estudiantes tengan un período de 10 minutos para practicar inmediatamente lo que han aprendido, con mínimo apoyo de la maestra.

Los estudiantes llevan el Grupo de problemas con ellos al punto culminante de cada lección: la Reflexión. Aquí, los estudiantes reflexionan con sus compañeros/as y el maestro, a través de la articulación y consolidación de lo que observaron, aprendieron y se preguntaron ese día.

Boletos de salida: a través del trabajo en el Boleto de salida diario, los estudiantes le muestran a su maestra lo que saben. Esta manera de verificar lo que entendieron los estudiantes ofrece al maestro, en tiempo real, valiosas pruebas de la eficacia de la enseñanza de ese día, lo cual permite identificar dónde es necesario enfocarse a continuación.

Plantillas: de vez en cuando, la Puesta en práctica, el Grupo de problemas u otra actividad en clase requieren que los estudiantes tengan su propia copia de una imagen, de un modelo reutilizable o de un grupo de datos. Se incluye cada una de estas plantillas en la primera lección que la requiere.

¿Dónde puedo obtener más información sobre los recursos de Eureka Math?

El equipo de Great Minds® ha asumido el compromiso de apoyar a estudiantes, familias y educadores a través de una biblioteca de recursos, en constante expansión, que se encuentra disponible en eureka-math.org. El sitio web también contiene historias exitosas e inspiradoras de la comunidad de *Eureka Math*. Comparte tus ideas y logros con otros usuarios y conviértete en un Campeón de *Eureka Math*.

¡Les deseo un año colmado de momentos "¡ajá!"!

Jill Diniz

Jill Diniz
Directora de matemáticas
Great Minds®

El proceso de Leer-Dibujar-Escribir

El programa de *Eureka Math* apoya a los estudiantes en la resolución de problemas a través de un proceso simple y repetible que presenta la maestra. El proceso Leer-Dibujar-Escribir (LDE) requiere que los estudiantes

1. Lean el problema.

2. Dibujen y rotulen.

3. Escriban una ecuación.

4. Escriban un enunciado (afirmación).

Se procura que los educadores utilicen el andamiaje en el proceso, a través de la incorporación de preguntas tales como

- ¿Qué observas?

- ¿Puedes dibujar algo?

- ¿Qué conclusiones puedes sacar a partir del dibujo?

Cuánto más razonen los estudiantes a través de problemas con este enfoque sistemático y abierto, más interiorizarán el proceso de razonamiento y lo aplicarán instintivamente en el futuro.

Contenido

Módulo 3: Multiplicación y división con varios dígitos

Tema F: Razonar sobre la divisibilidad

Tema G: Dividir millares, centenas, decenas y unidades

Tema H: Multiplicar números de dos dígitos por números de dos dígitos

Nombre _____   Fecha _____

1. Determina el perímetro y el área de los rectángulos A y B.

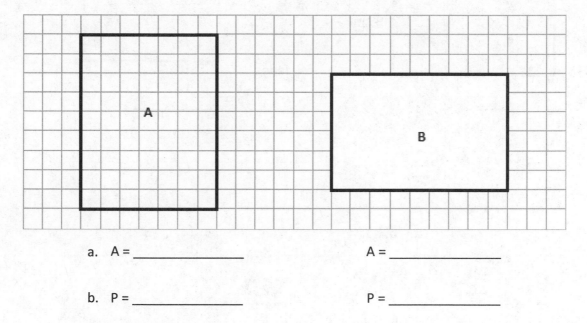

a.   A = _____   A = _____

b.   P = _____   P = _____

2. Determina el perímetro y el área de cada rectángulo.

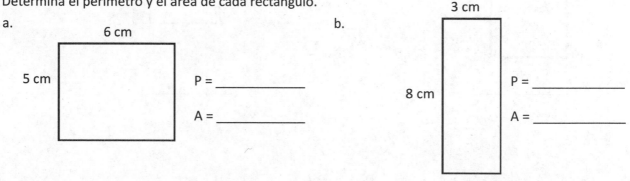

a.
6 cm
5 cm
P = _____
A = _____

b.
3 cm
8 cm
P = _____
A = _____

Lección 1:   Investigar y usar las fórmulas para el área y el perímetro de
              rectángulos.

© 2019 Great Minds®. eureka-math.org

1

3. Determina el perímetro de cada rectángulo.

a.

b.

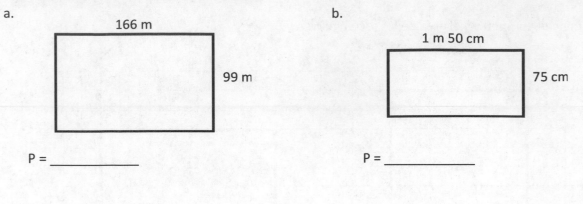

166 m

99 m

P = _____

1 m 50 cm

75 cm

P = _____

4. Teniendo en cuenta el área del rectángulo, calcula la longitud lateral desconocida.

a.

b.

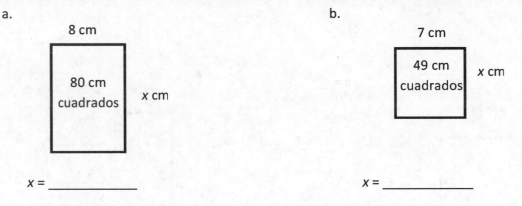

8 cm

80 cm
cuadrados

x cm

x = _____

7 cm

49 cm
cuadrados

x cm

x = _____

Lección 1:   Investigar y usar las fórmulas para el área y el perímetro de
rectángulos.

© 2019 Great Minds®. eureka-math.org

EUREKA
MATH

5. Teniendo en cuenta el perímetro del rectángulo, calcula la longitud lateral desconocida.

a. P = 120 cm

b. P = 1,000 m

20 cm

x cm

x = _____

x m

250 m

x = _____

6. Cada uno de los siguientes rectángulos tiene longitudes laterales enteras. Teniendo en cuenta el área y el perímetro, calcula el largo y el ancho.

a. P = 20 cm

b. P = 28 m

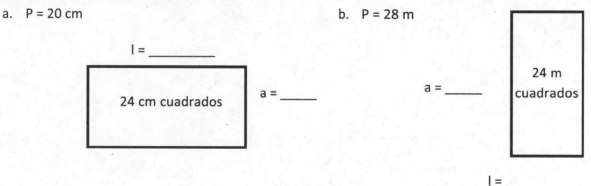

l = _____

24 cm cuadrados

a = _____

a = _____

24 m cuadrados

l = _____

Lección 1:   Investigar y usar las fórmulas para el área y el perímetro de rectángulos.

3

Nombre _____   Fecha _____

1. Determina el área y el perímetro del rectángulo.

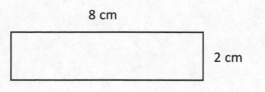

8 cm

2 cm

2. Determina el perímetro del rectángulo.

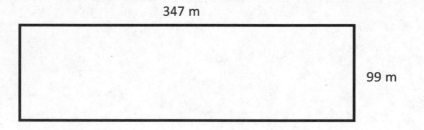

347 m

99 m

Lección 1:   Investigar y usar las fórmulas para el área y el perímetro de
rectángulos.

© 2019 Great Minds®. eureka-math.org

5

El papá de Tommy le está enseñando cómo hacer mesas con azulejos. Tommy hace una mesa pequeña de 3 pies de ancho y 4 pies de largo. ¿Cuántos pies cuadrados de azulejo necesita para cubrir la superficie de la mesa? ¿Cuántos pies de material decorativo para el borde va a necesitar su papá para cubrir los bordes de la mesa?

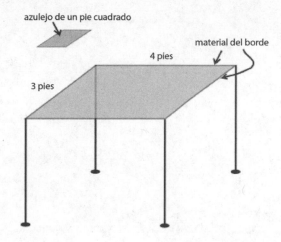

azulejo de un pie cuadrado

material del borde

4 pies

3 pies

Extensión: El papá de Tommy está haciendo una mesa de 6 pies de ancho y 8 pies de largo. Cuando las dos mesas se coloquen juntas, ¿cuánto medirá el área combinada?

_____

_____

_____

_____

Lee   Dibuja   Escribe

Lección 2: Resolver problemas escritos de comparación multiplicativa aplicando las fórmulas del área y del perímetro.

7

EUREKA
MATH®

Nombre _____   Fecha _____

1. Un pórtico rectangular mide 4 pies de ancho. El largo es 3 veces el ancho.

    a. Rotula el diagrama con las dimensiones del pórtico.

    b. Calcula el perímetro del pórtico.

2. Un banderín rectangular angosto mide 5 pulgadas de ancho. El largo es de 6 veces el ancho.

    a. Dibuja un diagrama del banderín y rotúlalo con sus dimensiones.

    b. Calcula el perímetro y el área del banderín.

EUREKA MATH®   Lección 2:   Resolver problemas escritos de comparación multiplicativa aplicando   9
las fórmulas del área y del perímetro.

© 2019 Great Minds®. eureka-math.org

3. El área de un rectángulo es de 42 centímetros cuadrados. Su longitud es 7 centímetros.

    a. ¿Cuánto mide el ancho del rectángulo?

    b. Carlos quiere dibujar un segundo rectángulo que sea igual de largo, pero que sea 3 veces más ancho. Dibuja y rotula el segundo rectángulo de Carlos.

    c. ¿Cuánto mide el perímetro del segundo rectángulo de Carlos?

Lección 2:   Resolver problemas escritos de comparación multiplicativa aplicando las fórmulas del área y del perímetro.

4. El área de la caja de arena rectangular de Betsy es de 20 pies cuadrados. El lado más largo mide 5 pies. La caja de arena del parque mide el doble de largo y el doble de ancho que la de Betsy.

    a. Dibuja y rotula un diagrama de la caja de arena de Betsy. ¿Cuánto mide el perímetro?

    b. Dibuja y rotula un diagrama de la caja de arena del parque. ¿Cuánto mide el perímetro?

    c. ¿Cuál es la relación entre los dos perímetros?

    d. Calcula el área de la caja de arena del parque usando la fórmula, $A = l \times w$.

Lección 2: Resolver problemas escritos de comparación multiplicativa aplicando las fórmulas del área y del perímetro.

11

© 2019 Great Minds®. eureka-math.org

e. ¿Cuántas veces más grande es el área de la caja de arena del parque que la caja de arena de Betsy?

f. Compara cómo cambió el perímetro con cómo cambió el área entre las dos cajas de arena. Explica lo que observaste usando palabras, dibujos o números.

Lección 2:   Resolver problemas escritos de comparación multiplicativa aplicando
                            las fórmulas del área y del perímetro.

Nombre _____   Fecha _____

1. Una mesa mide 2 pies de ancho. Es 6 veces más larga que ancha.

    a. Rotula el diagrama con las dimensiones de la mesa.

    b. Calcula el perímetro de la mesa.

2. Una cobija mide 4 pies de ancho. Es 3 veces más larga que ancha.

    a. Dibuja un diagrama de la cobija y rotúlalo con sus dimensiones.

    b. Calcula el perímetro y el área de la cobija.

Lección 2:   Resolver problemas escritos de comparación multiplicativa aplicando las fórmulas del área y del perímetro.

13

Nombre _____   Fecha _____

Resuelve los siguientes problemas. Usa dibujos, números o palabras para mostrar tu trabajo.

1. La pantalla rectangular de proyección que está en el auditorio de la escuela es 5 veces más larga y 5 veces más ancha que la pantalla rectangular de la biblioteca. La pantalla de la biblioteca tiene 4 pies de largo y un perímetro de 14 pies. ¿Cuál es el perímetro de la pantalla en el auditorio?

2. El ancho de la tienda de campaña rectangular de David es de 5 pies. El largo es el doble del ancho. El colchón inflable rectangular de David mide 3 pies por 6 pies. Si David coloca el colchón inflable en la tienda de campaña, ¿cuántos pies cuadrados de espacio quedarán en el piso para el resto de sus cosas?

EUREKA MATH

Lección 3:   Demostrar la comprensión de las fórmulas del área y del perímetro resolviendo problemas de varios pasos del mundo real.

15

© 2019 Great Minds®. eureka-math.org

3. El dormitorio rectangular de Jackson tiene un área de 90 pies cuadrados. El área de su dormitorio es 9 veces más grande que la de su closet rectangular. Si el closet tiene 2 pies de ancho, ¿cuánto mide de largo?

4. El largo de una cubierta rectangular es 4 veces su ancho. Si el perímetro de la cubierta es de 30 pies, ¿cuánto mide el área de la cubierta?

Lección 3:   Demostrar la comprensión de las fórmulas del área y del perímetro resolviendo problemas de varios pasos del mundo real.

Nombre _____ Fecha _____

Resuelve el siguiente problema. Usa dibujos, números o palabras para mostrar tu trabajo.

Un cartel rectangular es 3 veces más largo que ancho. Una pancarta rectangular es 5 veces más larga que ancha. Tanto la pancarta como el cartel tienen un perímetro de 24 pulgadas. ¿Cuáles son las medidas del largo y ancho del cartel y la pancarta?

Lección 3:   Demostrar la comprensión de las fórmulas del área y del perímetro resolviendo problemas de varios pasos del mundo real.

17

Samanta recibió una mesada de $3 cada semana. Trabajando de niñera ganó $30 adicionales cada semana. ¿Cuánto dinero tiene Samanta después de cuatro semanas combinando su mesada y su trabajo de niñera?

_____

_____

_____

_____

Lee   **Dibuja**   **Escribe**

EUREKA MATH®

Lección 4:   Interpretar y representar patrones al multiplicar en matrices y numéricamente al multiplicar por 10, 100 y 1,000.

© 2019 Great Minds®. eureka-math.org

19

Nombre _____   Fecha _____

Ejemplo:

5 × 10 = __50__

5 unidades × 10 = __5__ decenas

millares	centenas	decenas	unidades
		×10 ↙	⟨•••••⟩
		⟨•••••⟩	

Dibuja fichas de valor posicional y flechas, como se muestra, para representar cada producto.

1. 5 × 100 = _____

    5 × 10 × 10 = _____

    5 unidades × 100 = _____

millares	centenas	decenas	unidades

2. 5 × 1,000 = _____

    5 × 10 × 10 × 10 = _____

    5 unidades × 1,000 = _____

millares	centenas	decenas	unidades

3. Llena los espacios en blanco en las siguientes ecuaciones.

    a. 6 × 10 = _____

    b. _____ × 6 = 600

    c. 6,000 = _____ × 1,000

    d. 10 × 4 = _____

    e. 4 × _____ = 400

    f. _____ × 4 = 4,000

    g. 1,000 × 9 = _____

    h. _____ = 10 × 9

    i. 900 = _____ × 100

Lección 4: Interpretar y representar patrones al multiplicar en matrices y numéricamente al multiplicar por 10, 100 y 1,000.

21

Dibuja fichas de valor posicional y flechas para representar cada producto.

4.   12 × 10 = _____

millares	centenas	decenas	unidades

(1 decena 2 unidades) × 10 = _____

5.   18 × 100 = _____

millares	centenas	decenas	unidades

18 × 10 × 10 = _____

(1 decena 8 unidades) × 100 = _____

6.   25 × 1,000 = _____

decenas de millar	millares	centenas	decenas	unidades

25 × 10 × 10 × 10 = _____

(2 decenas 5 unidades) × 1,000 = _____

Descompón cada múltiplo de 10, 100 o 1,000 antes de multiplicar.

7.   3 × 40 = 3 × 4 × _____

= 12 × _____

= _____

8.   3 × 200 = 3 × _____ × _____

= _____ × _____

= _____

9.   4 × 4,000 = _____ × _____ × _____

= _____ × _____

= _____

10.   5 × 4,000 = _____ × _____ × _____

= _____ × _____

= _____

Lección 4:   Interpretar y representar patrones al multiplicar en matrices y numéricamente al multiplicar por 10, 100 y 1,000.

Nombre _____   Fecha _____

Llena los espacios en blanco en las siguientes ecuaciones.

a. 5 × 10 = _____   b. _____ × 5 = 500   c. 5,000 = _____ × 1000

d. 10 × 2 = _____   e. _____ × 20 = 2,000   f. 2,000 = 10 × _____

g. 100 × 18 = _____   h. _____ = 10 × 32   i. 4,800 = _____ × 100

j. 60 × 4 = _____   k. 5 × 600 = _____   l. 8,000 × 5 = _____

        Lección 4:   Interpretar y representar patrones al multiplicar en matrices y   23
numéricamente al multiplicar por 10, 100 y 1,000.

© 2019 Great Minds®. eureka-math.org

millares	centenas	decenas	unidades

tabla de valor posicional de millares

Lección 4:   Interpretar y representar patrones al multiplicar en matrices y
              numéricamente al multiplicar por 10, 100 y 1,000.

Nombre _____ Fecha _____

Dibuja fichas de valor posicional para representar el valor de las siguientes expresiones.

1. 2 × 3 = _____

   2 por _____ unidades es igual a _____ unidades.

millares	centenas	decenas	unidades

$$\begin{array}{r} 3 \\ \times\ 2 \\ \hline \end{array}$$

2. 2 × 30 = _____

   2 por _____ decenas es igual a _____.

millares	centenas	decenas	unidades

$$\begin{array}{r} 3\ 0 \\ \times\ \ \ 2 \\ \hline \end{array}$$

3. 2 × 300 = _____

   2 por _____ es igual a _____.

millares	centenas	decenas	unidades

$$\begin{array}{r} 3\ 0\ 0 \\ \times\ \ \ \ \ 2 \\ \hline \end{array}$$

4. 2 × 3,000 = _____

   _____ por _____ es igual a _____.

millares	centenas	decenas	unidades

$$\begin{array}{r} 3,0\ 0\ 0 \\ \times\ \ \ \ \ \ \ 2 \\ \hline \end{array}$$

Lección 5: Multiplicar múltiplos de 10, 100 y 1,000 por números de un dígito, reconociendo patrones.

27

© 2019 Great Minds®. eureka-math.org

5. Encuentra el producto.

a. 20 × 7	b. 3 × 60	c. 3 × 400	d. 2 × 800
e. 7 × 30	f. 60 × 6	g. 400 × 4	h. 4 × 8,000
i. 5 × 30	j. 5 × 60	k. 5 × 400	l. 8,000 × 5

6. Brianna compró 3 paquetes de globos para la fiesta. Cada paquete tiene 60 globos. ¿Cuántos globos tiene Brianna?

Lección 5:   Multiplicar múltiplos de 10, 100 y 1,000 por números de un dígito, reconociendo patrones.

7. Jordan tiene veinte veces más tarjetas de béisbol que su hermano. Su hermano tiene 9 tarjetas. ¿Cuántas tarjetas tiene Jordan?

8. El acuario tiene 30 veces más peces en una pecera de los que tiene Jacob. El acuario tiene 90 peces. ¿Cuántos peces tiene Jacob?

Nombre _____   Fecha _____

Dibuja fichas de valor posicional para representar el valor de las siguientes expresiones.

1. 4 × 200 = _____

    4 por _____ es igual a _____.

millares	centenas	decenas	unidades

$$\begin{array}{r} 2\,0\,0 \\ \times\quad\ \ 4 \\ \hline \end{array}$$

2. 4 × 2,000 = _____

    _____ por _____ es igual a _____.

millares	centenas	decenas	unidades

$$\begin{array}{r} 2,0\,0\,0 \\ \times\quad\ \ 4 \\ \hline \end{array}$$

3. Encuentra el producto.

a. 30 × 3	b. 8 × 20	c. 6 × 400	d. 2 × 900
e. 8 × 80	f. 30 × 4	g. 500 × 6	h. 8 × 5,000

4. Bonnie trabajó 7 horas diarias durante 30 días. ¿Cuántas horas trabajó en total?

Lección 5:   Multiplicar múltiplos de 10, 100 y 1,000 por números de un dígito, reconociendo patrones.

© 2019 Great Minds®. eureka-math.org

31

Hay 400 niños en la Escuela Primaria Park. En la Escuela Secundaria Park hay 4 veces más estudiantes.

a. ¿Cuántos estudiantes asisten a las dos escuelas en total?

b. En la Escuela Secundaria Lane hay 5 veces más estudiantes que en la Escuela Primaria Park. ¿Cuántos estudiantes más asisten a la Escuela Secundaria Lane que a la Escuela Secundaria Park?

Lee   Dibuja   Escribe

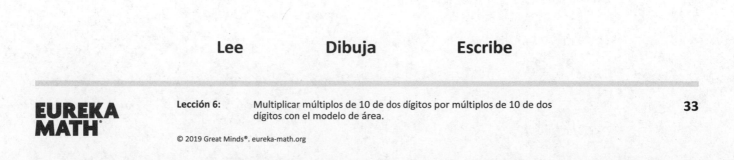

Nombre _____   Fecha _____

Representa el siguiente problema dibujando fichas en la tabla de valor posicional.

1. Para resolver 20 × 40, piensa en

    (2 decenas × 4) × 10 = _____

    20 × (4 × 10) = _____

    20 × 40 = _____

centenas	decenas	unidades

2. Dibuja un modelo de área para representar 20 × 40.

    2 decenas × 4 decenas = _____ _____

3. Dibuja un modelo de área para representar 30 × 40.

    3 decenas × 4 decenas = _____ _____

    30 × 40 = _____

Lección 6: Multiplicar múltiplos de 10 de dos dígitos por múltiplos de 10 de dos dígitos con el modelo de área.

35

4. Dibuja un modelo de área para representar 20 × 50.

2 decenas × 5 decenas = _____ _____

20 × 50 = _____

Vuelve a escribir cada ecuación en forma de unidades y resuelve.

5. 20 × 20 = _____

2 decenas × 2 decenas = _____ centenas

6. 60 × 20 = _____

6 decenas × 2 _____ = _____ centenas

7. 70 × 20 = _____

_____ decenas × _____ decenas = 14 _____

8. 70 × 30 = _____

_____ _____ × _____ _____ = _____ centenas

Lección 6:   Multiplicar múltiplos de 10 de dos dígitos por múltiplos de 10 de dos dígitos con el modelo de área.

© 2019 Great Minds®. eureka-math.org

9. Si hay 40 asientos por fila, ¿cuántos asientos hay en 90 filas?

10. Un boleto a la sinfónica cuesta $50. ¿Cuánto dinero se reúne si se venden 80 boletos?

Lección 6:   Multiplicar múltiplos de 10 de dos dígitos por múltiplos de 10 de dos
dígitos con el modelo de área.

37

© 2019 Great Minds®. eureka-math.org

Nombre _____   Fecha _____

Representa el siguiente problema dibujando fichas en la tabla de valor posicional.

1. Para resolver 20 × 30, piensa en

    (2 decenas × 3) × 10 =_____

    20 × (3 × 10)=_____

    20 × 30 =_____

centenas	decenas	unidades

2. Dibuja un modelo de área para representar 20 × 30.

          2 decenas × 3 decenas =_____ _____

3. Cada noche, Eloísa lee 40 páginas. ¿Cuántas páginas en total lee en las noches durante los 30 días de Noviembre?

EUREKA MATH®   Lección 6:   Multiplicar múltiplos de 10 de dos dígitos por múltiplos de 10 de dos   39
                                    dígitos con el modelo de área.

© 2019 Great Minds®. eureka-math.org

El equipo de baloncesto está vendiendo camisetas a $9 cada una. El lunes, vendieron 4 camisetas.

El martes, vendieron 5 veces más que el lunes. ¿Cuánto dinero ganó en total el equipo entre

lunes y martes?

_____

_____

_____

_____

Lee   Dibuja   Escribe

EUREKA MATH®

Lección 7:   Usar fichas de valor posicional para representar multiplicaciones de
dos dígitos por un dígito.

41

Nombre _____   Fecha _____

1. Representa las siguientes expresiones con fichas, reagrupa si es necesario, escribe una expresión que coincida y registra los productos parciales verticalmente como se muestra a continuación.

   a. 1 × 43

decenas	unidades
● ● ● ●	● ● ●

   $$
   \begin{array}{r}
   4\ 3 \\
   \times\quad 1 \\
   \hline
   3 \\
   +\ 4\ 0 \\
   \hline
   4\ 3
   \end{array}
   $$

   → 1 × 3 unidades
   → 1 × 4 decenas

   b. 2 × 43

decenas	unidades

   c. 3 × 43

centenas	decenas	unidades

d. 4 × 43

centenas	decenas	unidades

2. Representa las siguientes expresiones con fichas, reagrupa si es necesario. A la derecha, registra los productos parciales verticalmente.

a. 2 × 36

centenas	decenas	unidades

b. 3 × 61

centenas	decenas	unidades

c. 4 × 84

centenas	decenas	unidades

Lección 7:   Usar fichas de valor posicional para representar multiplicaciones de dos dígitos por un dígito.

Nombre _____   Fecha _____

Representa las siguientes expresiones con fichas, reagrupa si es necesario. A la derecha, registra los productos parciales verticalmente.

1. 6 × 41

centenas	decenas	unidades

2. 7 × 31

centenas	decenas	unidades

decenas de millar	millares	centenas	décimas	unidades

tabla de valor posicional de decenas de millares

Andrés compró una estampilla para enviar una carta por correo. La estampilla cuesta 46 centavos. Andrés también enviará un paquete. Enviar un paquete cuesta 5 veces más que enviar una estampilla. ¿Cuánto cuesta enviar el paquete y la carta?

_____

_____

_____

_____

Lee   **Dibuja**   **Escribe**

Lección 8:   Extender el uso de las fichas de valor posicional para representar multiplicaciones de tres y cuatro dígitos por un dígito.   **49**

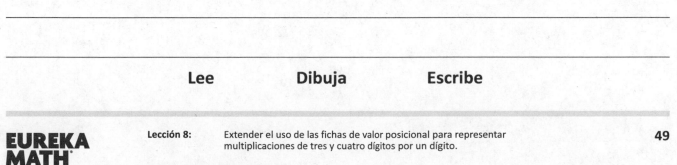

EUREKA MATH®

© 2019 Great Minds®. eureka-math.org

Nombre _____   Fecha _____

1. Representa las siguientes expresiones con fichas, reagrupa si es necesario, escribe una expresión que coincida y registra los productos parciales verticalmente como se muestra a continuación.

    a.   1 × 213

centenas	decenas	unidades

$$
\begin{array}{r}
2 \quad 1 \quad 3 \\
\times \quad\quad\quad 1 \\
\hline
\end{array}
$$

→ 1 × 3 unidades
→ 1 × 1 decena
→ 1 × 2 centenas

+ _____

1 × _____ centenas + 1 × _____ decenas + 1 × _____ unidades

    b.   2 × 213

centenas	decenas	unidades

    c.   3 × 214

centenas	decenas	unidades

Lección 8:   Extender el uso de las fichas de valor posicional para representar multiplicaciones de tres y cuatro dígitos por un dígito.

51

© 2019 Great Minds®. eureka-math.org

d. 3 × 1,254

millares	centenas	decenas	unidades

2. Representa las siguientes expresiones con fichas, usando cualquiera de los métodos enseñados en la clase, reagrupa cuando sea necesario. A la derecha, registra los productos parciales verticalmente.

a. 3 × 212

b. 2 × 4,036

Lección 8:   Extender el uso de las fichas de valor posicional para representar multiplicaciones de tres y cuatro dígitos por un dígito.

© 2019 Great Minds®. eureka-math.org

c.   3 × 2,546

d.   3 × 1,407

3.   Todos los días en la fábrica de rosquillas, Cyndi hace 5 tipos diferentes de rosquillas. Si ella hace 144 de cada tipo, ¿cuál es la cantidad total de rosquillas que hace?

Lección 8:   Extender el uso de las fichas de valor posicional para representar
multiplicaciones de tres y cuatro dígitos por un dígito.

© 2019 Great Minds®. eureka-math.org

53

Nombre _____   Fecha _____

Representa las siguientes expresiones con fichas, reagrupa si es necesario. A la derecha, registra los productos parciales verticalmente.

1.   4 × 513

2.   3 × 1,054

Lección 8:   Extender el uso de las fichas de valor posicional para representar
multiplicaciones de tres y cuatro dígitos por un dígito.

© 2019 Great Minds®. eureka-math.org

55

Calcula la cantidad total de leche en tres cartones si cada cartón contiene 236 mL de leche.

_____

_____

_____

_____

Lee   **Dibuja**   **Escribe**

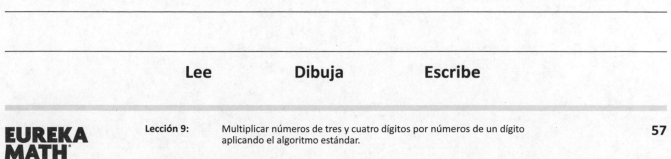

Lección 9:   Multiplicar números de tres y cuatro dígitos por números de un dígito
aplicando el algoritmo estándar.

57

Nombre _____ Fecha _____

1. Resuelve usando cada método.

Productos parciales	Algoritmo estándar
a. 3 4 × 4	3 4 × 4

Productos parciales	Algoritmo estándar
b. 2 2 4 × 3	2 2 4 × 3

2. Resuelve. Usa el algoritmo estándar.

a. 2 5 1 × 3	b. 1 3 5 × 6	c. 3 0 4 × 9
d. 4 0 5 × 4	e. 3 1 6 × 5	f. 3 9 2 × 6

Lección 9: Multiplicar números de tres y cuatro dígitos por números de un dígito aplicando el algoritmo estándar.

3. El producto de 7 y 86 es igual a _____.

4. 9 veces 457 es igual a _____.

5. Jashawn quiere hacer 5 hélices de avión.
Necesita 18 cm de madera para cada hélice.
¿Cuántos centímetros de madera utilizará?

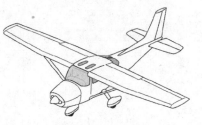

Lección 9: Multiplicar números de tres y cuatro dígitos por números de un dígito aplicando el algoritmo estándar.

EUREKA MATH

6. Un sistema de juegos cuesta $238. ¿Cuánto costarían 4 sistemas de juegos?

7. Una bolsa pequeña de papas pesa 48 gramos. Una bolsa grande de papas pesa tres veces más que la bolsa pequeña. ¿Cuánto pesarían 7 bolsas grandes de papas?

Lección 9:   Multiplicar números de tres y cuatro dígitos por números de un dígito aplicando el algoritmo estándar.

© 2019 Great Minds®. eureka-math.org

61

Nombre _____   Fecha _____

1. Resuelve usando el algoritmo estándar.

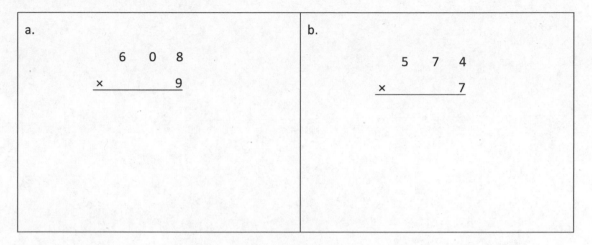

a.

$$\begin{array}{r} 6\ \ 0\ \ 8 \\ \times \qquad 9 \\ \hline \end{array}$$

b.

$$\begin{array}{r} 5\ \ 7\ \ 4 \\ \times \qquad 7 \\ \hline \end{array}$$

2. Morgan tiene 23 años. Su abuelo tiene 4 veces su edad. ¿Qué edad tiene el abuelo?

Lección 9:   Multiplicar números de tres y cuatro dígitos por números de un dígito
aplicando el algoritmo estándar.

63

© 2019 Great Minds®. eureka-math.org

La directora quiere comprar 8 lápices para cada estudiante de su escuela. Si hay 859 estudiantes, ¿cuántos lápices necesita comprar la directora?

_____

_____

_____

_____

Lee   **Dibuja**   **Escribe**

EUREKA MATH

Lección 10:   Multiplicar números de tres y cuatro dígitos por números de un dígito aplicando el algoritmo estándar.

65

© 2019 Great Minds®. eureka-math.org

Nombre _____ Fecha _____

1. Resuelve usando el algoritmo estándar.

a. 3 × 42	b. 6 × 42
c. 6 × 431	d. 3 × 431
e. 3 × 6,212	f. 3 × 3,106
g. 4 × 4,309	h. 4 × 8,618

Lección 10:   Multiplicar números de tres y cuatro dígitos por números de un dígito aplicando el algoritmo estándar.

67

© 2019 Great Minds®. eureka-math.org

2. En un año normal hay 365 días. ¿Cuántos días hay en 3 años normales?

3. La longitud lateral de una cuadra de la ciudad con forma cuadrada es de 462 metros. ¿Cuál es el perímetro de la cuadra?

4. Jake corrió 2 millas. Jesse corrió 4 veces más lejos. Hay 5,280 pies en una milla. ¿Cuántos pies corrió Jesse?

Lección 10:   Multiplicar números de tres y cuatro dígitos por números de un dígito aplicando el algoritmo estándar.

Nombre _____   Fecha _____

1. Resuelve usando el algoritmo estándar.

a. 2,348 × 6	b. 1,679 × 7

2. Un granjero plantó 4 filas de girasoles. Había 1,205 plantas in cada fila. ¿Cuántos girasoles plantó?

Lección 10:   Multiplicar números de tres y cuatro dígitos por números de un dígito
aplicando el algoritmo estándar.

69

© 2019 Great Minds®. eureka-math.org

Escribe una ecuación para el área de cada rectángulo. Luego, calcula la suma de las dos áreas.

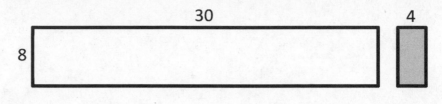

Extensión: encuentra un método más rápido para calcular el área combinada de los dos rectángulos.

_____

_____

_____

_____

Lee   **Dibuja**   **Escribe**

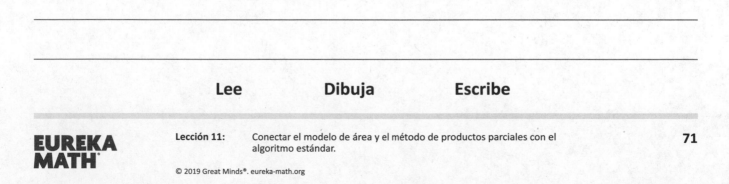

Nombre _____   Fecha _____

1. Resuelve las siguientes expresiones usando el algoritmo estándar, el método de productos parciales y el modelo de área.

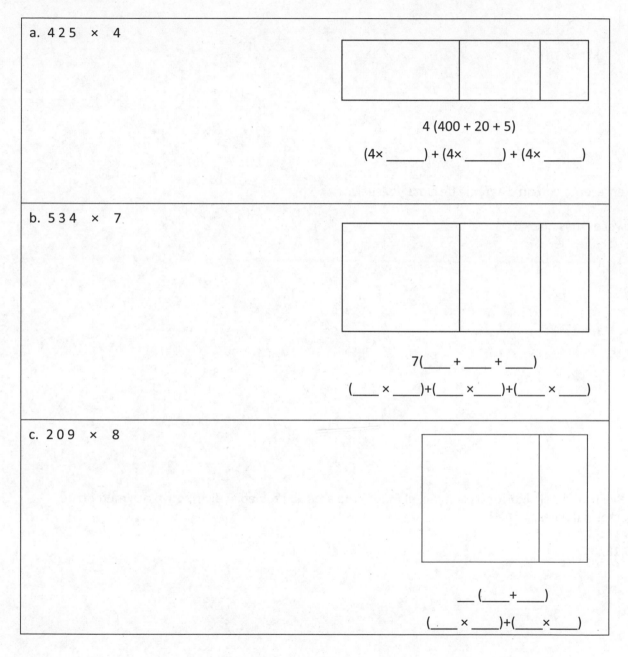

a. 4 2 5 × 4

4 (400 + 20 + 5)

(4× _____) + (4× _____) + (4× _____)

b. 5 3 4 × 7

7(____ + ____ + ____)

(____ × ____)+(____ × ____)+(____ × ____)

c. 2 0 9 × 8

__ (____+____)

(____ × ____)+(____×____)

EUREKA MATH   **Lección 11:**   Conectar el modelo de área y el método de productos parciales con el algoritmo estándar.   **73**

© 2019 Great Minds®. eureka-math.org

2. Resuelve usando el método de productos parciales.

La escuela de Cayla tiene 258 estudiantes. La escuela de Janet tiene 3 veces más estudiantes que la de Cayla. ¿Cuántos estudiantes hay en la escuela de Janet?

3. Representa con un diagrama de cinta y resuelve.

4 veces más que 467

Resuelve usando el algoritmo estándar, el modelo de área, la propiedad distributiva o el método de productos parciales.

4. $5,131 \times 7$

Lección 11:   Conectar el modelo de área y el método de productos parciales con el algoritmo estándar.

5. 3 veces más que 2,805

6. Cada mes un restaurante vende 1,725 libras de espagueti y 925 libras de lingüini. Después de 9 meses, ¿cuántas libras de pasta habrá vendido el restaurante?

Nombre _____   Fecha _____

1. Resuelve usando el algoritmo estándar, el modelo de área, la propiedad distributiva o el método de productos parciales.

    2,809 × 4

2. El periódico mensual de la escuela tiene 9 páginas. La Sra. Smith necesita imprimir 675 copias del periódico. ¿Cuántas páginas se imprimirán en total?

Lección 11:   Conectar el modelo de área y el método de productos parciales con el algoritmo estándar.

77

© 2019 Great Minds®. eureka-math.org

Nombre _____ Fecha _____

Usa el proceso LDE para resolver los siguientes problemas.

Artículo	Costo
1 globo	26¢
1 paleta	14¢
1 pulsera	33¢

1. La tabla muestra el costo de los recuerdos de cumpleaños. Cada invitado a la fiesta recibe una bolsa con 1 globo, 1 paleta y 1 pulsera. ¿Cuál es el costo total para 9 invitados?

2. La familia Turner usa 548 litros de agua por día. La familia Hill usa 3 veces más agua por día. ¿Cuánta agua usa la familia Hill por semana?

3. Jayden tiene 347 canicas. Elvis tiene 4 veces más que Jayden. Presley tiene 799 menos que Elvis. ¿Cuántas canicas tiene Presley?

Lección 12:   Resolver problemas escritos de dos pasos incluyendo la comparación multiplicativa.

79

© 2019 Great Minds®. eureka-math.org

4. a. Escribe una ecuación que permita a alguien encontrar el valor de R.

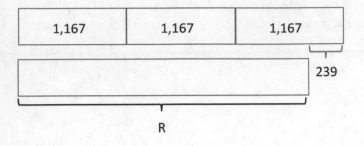

b. Escribe tu propio problema escrito que corresponda con el diagrama de cinta y después resuélvelo.

Lección 12:   Resolver problemas escritos de dos pasos incluyendo la comparación multiplicativa.

Nombre _____ Fecha _____

Usa el proceso LDE para resolver el siguiente problema.

Jennifer tenía 256 cuentas. Stella tenía 3 veces más cuentas que Jennifer. Tiah tenía 104 cuentas más que Stella. ¿Cuántas cuentas tenía Tiah?

Lección 12:   Resolver problemas escritos de dos pasos incluyendo la comparación
              multiplicativa.

© 2019 Great Minds®. eureka-math.org

81

Nombre _____ Fecha _____

Resuelve usando el proceso LDE.

1. Durante el verano, Kate ganó $180 cada semana durante 7 semanas. De ese dinero, gastó $375 en una computadora nueva y $137 en ropa nueva. ¿Cuánto dinero le sobró?

2. Silvia pesó 8 libras cuando nació. Para su primer cumpleaños, su peso se había triplicado. Para su segundo cumpleaños, pesaba 12 libras más. En ese momento, el papá de Silvia pesaba 5 veces más que ella. ¿Cuál es el peso combinado de Silvia y su papá?

Lección 13: Usar multiplicación, suma o resta para resolver problemas escritos de varios pasos.

83

3. Tres cajas que pesan 128 libras cada una y una caja que pesa 254 libras fueron cargadas en la parte posterior de un camión vacío. Después se cargó una caja de manzanas en el mismo camión. Si el peso total que se cargó en el camión fue de 2,000 libras, ¿cuánto pesaba la caja de manzanas?

4. En un mes, Carlos leyó 814 páginas. En el mismo mes, su mamá leyó 4 veces más páginas que Carlos y esas fueron 143 páginas más que las que leyó el papá de Carlos. ¿Cuál fue el total de páginas que leyeron tanto Carlos como sus papás?

Usar multiplicación, suma o resta para resolver problemas escritos de varios pasos.

Nombre _____ Fecha _____

Resuelve usando el proceso LDE.

1. Michael gana $9 por hora. Trabaja 28 horas a la semana. ¿Cuánto gana en 6 semanas?

2. David gana $8 por hora. Trabaja 40 horas a la semana. ¿Cuánto gana en 6 semanas?

3. Después de 6 semanas, ¿quién habrá ganado más dinero? ¿Cuánto más?

Lección 13:   Usar multiplicación, suma o resta para resolver problemas escritos de varios pasos.

© 2019 Great Minds®. eureka-math.org

85

Tyler plantó papas, avena y maíz. Plantó 23 acres de papas. De avena, plantó 3 veces más acres que de papas y de maíz 4 veces más acres que de avena. ¿Cuántos acres plantó en total Tyler de papas, avena y maíz?

_____

_____

_____

_____

Lee   **Dibuja**   **Escribe**

Nombre _____ Fecha _____

Usa el proceso LDE para resolver los siguientes problemas.

1. Hay 19 calcetines idénticos. ¿Cuántos pares de calcetines hay? ¿Habrá algún calcetín sin par? Si es así, ¿cuántos sobrarán?

2. Se necesitan 8 pulgadas de listón para hacer un moño, ¿cuántos moños se pueden hacer con 3 pies de listón (1 pie = 12 pulgadas). ¿Sobrará algo de listón? Si es así, ¿cuánto?

3. La biblioteca tiene 27 sillas y 5 mesas. Si se coloca el mismo número de sillas en cada mesa, ¿cuántas sillas se pueden colocar en cada mesa? ¿Sobrarán sillas? Si es así, ¿cuántas sobrarán?

4. La panadera tiene 42 kilogramos de harina. Cada día, usa 8 kilogramos. ¿Después de cuántos días necesitará comprar más harina?

5. Caleb tiene 76 manzanas. Quiere hornear la mayor cantidad de pasteles que pueda. Si se necesitan 8 manzanas para hacer un pastel, ¿cuántas manzanas utilizará? ¿Cuántas manzanas no utilizará?

6. Cuarenta y cinco personas irán a la playa. En cada camioneta pueden viajar siete personas. ¿Cuántas camionetas se necesitarán para llevar a todos a la playa?

Nombre _____ Fecha _____

Usa el proceso LDE para resolver el siguiente problema.

Cincuenta y tres estudiantes se van de excursión. Los estudiantes se dividen en grupos de 6 estudiantes. ¿Cuántos grupos de 6 estudiantes habrá? Si los estudiantes que sobran forman un grupo más pequeño y se asigna un chaperón a cada grupo, ¿cuántos chaperones se van a necesitar?

Chandra imprimió 38 fotos para poner en su cuaderno de recortes. Si puede poner 4 fotos en cada página, ¿cuántas páginas va a usar para sus fotos?

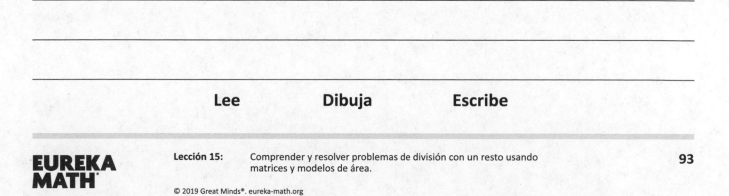

Lee   **Dibuja**   **Escribe**

EUREKA MATH®

Nombre _____   Fecha _____

Muestra la división usando una matriz.	Muestra la división usando un modelo de área.

1. $18 \div 6$

Cociente = _____

Resto = _____

¿Puedes mostrar 18 ÷ 6 con un rectángulo? _____

2. $19 \div 6$

Cociente = _____

Resto = _____

¿Puedes mostrar 19 ÷ 6 con un rectángulo? _____
Explica cómo mostraste el resto:

Lección 15:   Comprender y resolver problemas de división con un resto usando
matrices y modelos de área.

© 2019 Great Minds®. eureka-math.org

95

Resuelve usando una matriz y un modelo de área. El primer ejercicio ya está resuelto.

Ejemplo: 25 ÷ 2

a.
• • • • • • • • • • • • •
• • • • • • • • • • • •

Cociente = 12   Resto = 1

b.

12

2 □□□

3. 29 ÷ 3

a.   b.

4. 22 ÷ 5

a.   b.

5. 43 ÷ 4

a.   b.

6. 59 ÷ 7

a.   b.

Lección 15:   Comprender y resolver problemas de división con un resto usando
matrices y modelos de área.

EUREKA
MATH®

Nombre _____ Fecha _____

Resuelve usando una matriz y un modelo de área.

1. 27 ÷ 5

   a.   b.

2. 32 ÷ 6

   a.   b.

Lección 15:   Comprender y resolver problemas de división con un resto usando
               matrices y modelos de área.

© 2019 Great Minds®. eureka-math.org

97

Nombre _____   Fecha _____

Muestra la división usando fichas. Relaciona tu trabajo en la tabla de valor posicional con la división larga. Verifica tu cociente y tu resto usando multiplicación y suma.

1. $7 \div 2$

Unidades

2 ⟌ 7

cociente = _____

resto = _____

Verifica tu trabajo

3

× 2

_____

2. $27 \div 2$

Decenas	Unidades

2 ⟌ 27

cociente = _____

resto = _____

Verifica tu trabajo

Lección 16:   Comprender y resolver problemas de división con dividendos de dos
              dígitos y un residuo en el lugar de las unidades usando fichas de valor
              posicional.

© 2019 Great Minds®. eureka-math.org

99

3. $8 \div 3$

Unidades

$3 \overline{)\,8\,}$

cociente = _____

resto = _____

Verifica tu trabajo

4. $38 \div 3$

Decenas	Unidades

$3 \overline{)\,3\,8\,}$

cociente = _____

resto = _____

Verifica tu trabajo

Lección 16:   Comprender y resolver problemas de división con dividendos de dos dígitos y un residuo en el lugar de las unidades usando fichas de valor posicional.

© 2019 Great Minds®. eureka-math.org

5. $6 \div 4$

Unidades

$4\overline{)6}$

cociente = _____

resto = _____

Verifica tu trabajo

6. $86 \div 4$

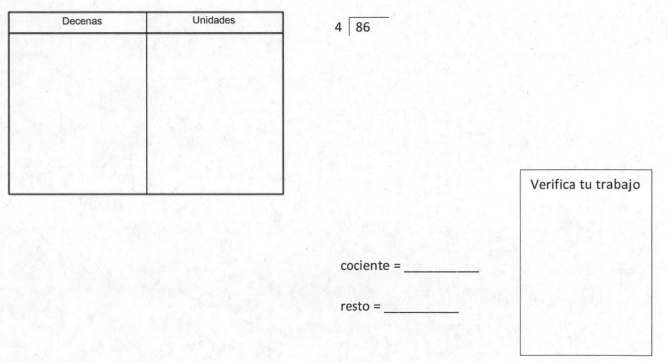

Decenas	Unidades

$4\overline{)86}$

cociente = _____

resto = _____

Verifica tu trabajo

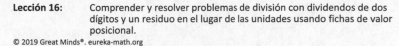

EUREKA MATH®

Lección 16:   Comprender y resolver problemas de división con dividendos de dos dígitos y un residuo en el lugar de las unidades usando fichas de valor posicional.

© 2019 Great Minds®. eureka-math.org

101

Nombre _____   Fecha _____

Muestra la división usando fichas. Relaciona tu trabajo en la tabla de valor posicional con la división larga. Verifica tu cociente y tu resto usando multiplicación y suma.

1. 5 ÷ 3

Unidades

3 | 5

Verifica tu trabajo

cociente = _____

resto = _____

2. 65 ÷ 3

Decenas	Unidades

3 | 65

Verifica tu trabajo

cociente = _____

resto = _____

Lección 16:   Comprender y resolver problemas de división con dividendos de dos dígitos y un residuo en el lugar de las unidades usando fichas de valor posicional.

© 2019 Great Minds®. eureka-math.org

103

decenas	unidades

tabla de valor posicional de decenas

Lección 16: Comprender y resolver problemas de división con dividendos de dos dígitos y un residuo en el lugar de las unidades usando fichas de valor posicional.

© 2019 Great Minds®. eureka-math.org

105

EUREKA
MATH®

Audrey y su hermana encontraron 9 monedas de 10 centavos y 8 monedas de 1 centavo.

Si comparten el dinero equitativamente, ¿cuánto recibe cada hermana?

_____

_____

_____

_____

Lee　　　**Dibuja**　　　**Escribe**

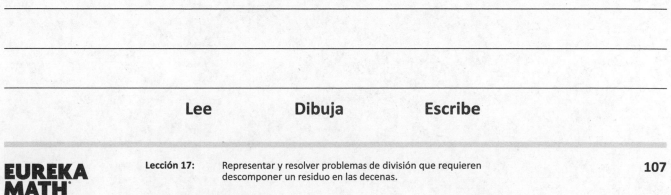

Lección 17:　Representar y resolver problemas de división que requieren descomponer un residuo en las decenas.

107

Nombre _____   Fecha _____

Muestra la división usando fichas. Relaciona tu representación con la división larga. Verifica tu cociente y tu resto usando multiplicación y suma.

1. 5 ÷ 2

Unidades

2 | 5

cociente = _____

resto = _____

Verifica tu trabajo

        2
    ×   2
  _____

2. 50 ÷ 2

Decenas	Unidades

2 | 5 0

cociente = _____

resto = _____

Verifica tu trabajo

Lección 17:   Representar y resolver problemas de división que requieren descomponer un residuo en las decenas.

109

© 2019 Great Minds®. eureka-math.org

3. 7 ÷ 3

Unidades

3 ⟌ 7

cociente = _____

resto = _____

Verifica tu trabajo

4. 75 ÷ 3

Decenas	Unidades

3 ⟌ 7 5

Verifica tu trabajo

cociente = _____

resto = _____

Lección 17:   Representar y resolver problemas de división que requieren descomponer un residuo en las decenas.

© 2019 Great Minds®. eureka-math.org

5. $9 \div 4$

Unidades

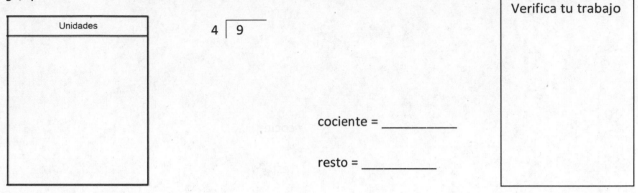

cociente = _____

resto = _____

Verifica tu trabajo

6. $92 \div 4$

Decenas	Unidades

cociente = _____

resto = _____

Verifica tu trabajo

Lección 17:   Representar y resolver problemas de división que requieren descomponer un residuo en las decenas.

111

Nombre _____ Fecha _____

Muestra la división usando fichas. Relaciona tu representación con la división larga. Verifica tu cociente y tu resto usando multiplicación y suma.

1. 5 ÷ 4

Unidades

4 ⟌ 5

cociente = _____

resto = _____

Verifica tu trabajo

2. 56 ÷ 4

Decenas	Unidades

4 ⟌ 5 6

cociente = _____

resto = _____

Verifica tu trabajo

Lección 17: Representar y resolver problemas de división que requieren descomponer un residuo en las decenas.

113

© 2019 Great Minds®. eureka-math.org

La familia de Malory va a comprar naranjas. El Gran Mercado vende naranjas a 87 centavos por 3 libras. ¿Cuánto cuesta 1 libra de naranjas en el Gran Mercado?

_____

_____

_____

Lee   Dibuja   Escribe

Nombre _____   Fecha _____

Resuelve usando el algoritmo estándar. Verifica tu cociente y tu resto usando multiplicación y suma.

1. $46 \div 2$	2. $96 \div 3$
3. $85 \div 5$	4. $52 \div 4$
5. $53 \div 3$	6. $95 \div 4$

7. 89 ÷ 6

8. 96 ÷ 6

9. 60 ÷ 3

10. 60 ÷ 4

11. 95 ÷ 8

12. 95 ÷ 7

Lección 18:   Encontrar cocientes y restos de números enteros.

© 2019 Great Minds®. eureka-math.org

Nombre _____ Fecha _____

Resuelve usando el algoritmo estándar. Verifica tu cociente y tu resto usando multiplicación y suma.

1. 93 ÷ 7

2. 99 ÷ 8

Dos amigos empezaron un negocio de creación y venta de tiras cómicas. Después de 1 mes han ganado $38. Muestra cómo pueden compartir las ganancias de forma justa usando billetes de $1, $5, $10 y $20.

_____

_____

_____

_____

Lee   Dibuja   Escribe

EUREKA MATH

Lección 19:   Explicar los restos usando la comprensión del valor posicional y las representaciones.

121

© 2019 Great Minds®. eureka-math.org

Nombre _____ Fecha _____

1. Cuando divides 94 entre 3 hay un residuo de 1. Representa este problema con fichas de valor posicional. En la representación de fichas de valor posicional, ¿cómo mostraste el resto?

2. Cayman dice que 94 ÷ 3 es 30 con un residuo de 4. El piensa que esto es correcto porque (3 × 30) + 4 = 94. ¿Qué error cometió Cayman? Explica cómo puede corregir su trabajo.

Lección 19:   Explicar los restos usando la comprensión del valor posicional y las representaciones.

123

3. La representación de fichas de valor posicional muestra 72 ÷ 3. Completa la representación. Explica qué pasa con la decena que sobra en la columna de las decenas.

4. Dos amigos repartieron equitativamente 56 dólares.

    a. Tenían 5 billetes de diez dólares y 6 billetes de un dólar. Haz un dibujo para mostrar cómo compartirán los billetes. ¿Tendrán que cambiar algún billete en algún momento?

    b. Explica cómo repartieron el dinero equitativamente.

5. Imagina que estás grabando un video explicando el problema 45 ÷ 3 a los estudiantes de 4.° grado. Crea un guión para explicar cómo puedes seguir dividiendo después de obtener un residuo de 1 decena en el primer paso.

Lección 19:   Explicar los restos usando la comprensión del valor posicional y las representaciones.

125

© 2019 Great Minds®. eureka-math.org

Nombre _____ Fecha _____

1. El álbum de fotos de Molly tiene un total de 97 fotos. Cada página del álbum tiene 6 fotos. ¿Cuántas páginas puede llenar Molly? ¿Le sobrarán fotos? Si es así, ¿cuántas sobrarán? Usa los discos de valor posicional para resolver cada problema.

2. El álbum de fotos de Martín tiene un total de 45 fotos. Cada página del álbum tiene 4 fotos. Ella dice que solo puede llenar 10 páginas completas: ¿Estás de acuerdo? Explica por qué sí o por qué no.

Lección 19:   Explicar los restos usando la comprensión del valor posicional y las representaciones.

127

© 2019 Great Minds®. eureka-math.org

Escribe una expresión para calcular la longitud desconocida de cada rectángulo. Luego, calcula la suma de las dos longitudes desconocidas.

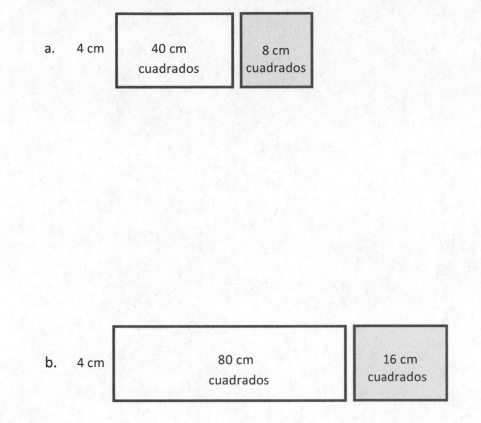

a.   4 cm

40 cm cuadrados

8 cm cuadrados

b.   4 cm

80 cm cuadrados

16 cm cuadrados

Lee   Dibuja   Escribe

Nombre _____   Fecha _____

1. Alfonso resolvió un problema de división dibujando un modelo de área.

    a. Observa el modelo de área. ¿Qué problema de división resolvió Alfonso?

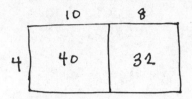

    b. Muestra un vínculo numérico para representar el modelo de área de Alfonso. Empieza con el total y después muestra cómo el total es dividido en dos partes. Debajo de las dos partes, representa la longitud total usando la propiedad distributiva y después resuelve.

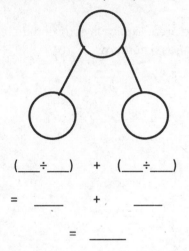

(___÷___)   +   (___÷___)

=   _____   +   _____

=   _____

2. Resuelve 45 ÷ 3 usando un modelo de área. Dibuja un vínculo numérico y usa la propiedad distributiva para resolver la longitud desconocida.

3. Resuelve 64 ÷ 4 usando un modelo de área. Dibuja un vínculo numérico para mostrar como subdividiste el área y representa la división con un método escrito.

4. Resuelve 92 ÷ 4 usando un modelo de área. Explica la conexión de la propiedad distributiva con el modelo de área usando palabras, dibujos o números.

5. Resuelve 72 ÷ 6 usando un modelo de área y el algoritmo estándar.

Lección 20: Resolver problemas de división sin residuo usando el modelo de área.

Nombre _____ Fecha _____

1. Tony dibujó el siguiente modelo de área para calcular la longitud desconocida. ¿Qué ecuación de división representó?

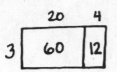

2. Resuelve 42 ÷ 3 usando un modelo de área, un enlace numérico y un método escrito.

Lección 20:   Resolver problemas de división sin residuo usando el modelo de área.

133

© 2019 Great Minds®. eureka-math.org

Un rectángulo tiene un área de 36 unidades cuadradas y un ancho de 2 unidades. ¿Cuál es la longitud lateral desconocida?

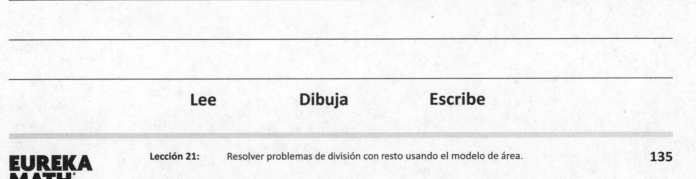

Lee   **Dibuja**   **Escribe**

Nombre _____   Fecha _____

1. Resuelve 37 ÷ 2 usando un modelo de área. Usa la división larga y la propiedad distributiva para registrar tu trabajo.

2. Resuelve 76 ÷ 3 usando un modelo de área. Usa la división larga y la propiedad distributiva para registrar tu trabajo.

3. Carolina resolvió el siguiente problema de división dibujando un modelo de área.

    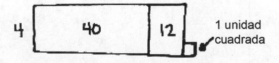

    a. ¿Qué problema de división resolvió?

    b. Muestra cómo la representación de Carolina se puede representar usando la propiedad distributiva.

Resuelve los siguientes problemas usando el modelo de área. Justifica el modelo de área con la división larga o la propiedad distributiva.

4. $48 \div 3$	5. $49 \div 3$
6. $56 \div 4$	7. $58 \div 4$
8. $66 \div 5$	9. $79 \div 3$

Lección 21: Resolver problemas de división con resto usando el modelo de área.

10. Setenta y tres estudiantes son divididos en grupos de 6 estudiantes cada uno. ¿Cuántos grupos de 6 estudiantes hay? ¿Cuántos estudiantes no estarán en un grupo de 6?

Nombre _____   Fecha _____

1. Kyle dibujó el siguiente modelo de área para calcular una longitud desconocida. ¿Qué ecuación de división representó?

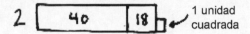

2 | 40 | 18 ← 1 unidad cuadrada

2. Resuelve 93 ÷ 4 usando un modelo de área, la división larga y la propiedad distributiva.

8 × _____ = 96. Averigua la longitud lateral desconocida o el factor. Usa un modelo de área para resolver el problema.

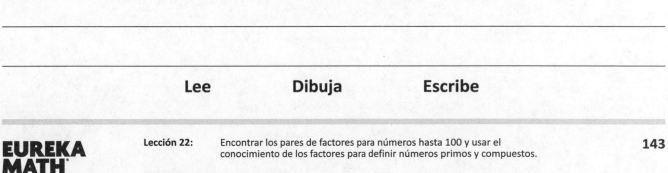

Lee　　　**Dibuja**　　　**Escribe**

EUREKA MATH

Lección 22:　Encontrar los pares de factores para números hasta 100 y usar el conocimiento de los factores para definir números primos y compuestos.

143

© 2019 Great Minds®. eureka-math.org

Nombre _____   Fecha _____

1. Registra los factores de los números proporcionados como enunciados de multiplicación y como una lista ordenada de menor a mayor. Clasifica cada uno como primo (P) o compuesto (C). El primer ejemplo está resuelto.

	Enunciados de multiplicación	Factores	P o C
a.	4 $1 \times 4 = 4$ $2 \times 2 = 4$	Los factores de 4 son: 1, 2, 4	C
b.	6	Los factores de 6 son:	
c.	7	Los factores de 7 son:	
d.	9	Los factores de 9 son:	
e.	12	Los factores de 12 son:	
f.	13	Los factores de 13 son:	
g.	15	Los factores de 15 son:	
h.	16	Los factores de 16 son:	
i.	18	Los factores de 18 son:	
j.	19	Los factores de 19 son:	
k.	21	Los factores de 21 son:	
l.	24	Los factores de 24 son:	

2. Encuentra todos los factores de los siguientes números y clasifícalos como primos o compuestos. Explica por qué clasificaste a cada uno como primo o compuesto.

Pares de factores para 25	

Pares de factores para 28	

Pares de factores para 29	

3. Bryan dice que todos los números primos son números impares.

   a. Haz una lista de los números primos menores a 20 en orden numérico.

   b. Usa tu lista para demostrar que la afirmación de Bryan es falsa.

4. Sheila tiene 28 adhesivos para dividir equitativamente entre 3 amigas. Ella piensa que no le sobrará ninguno. Usa lo que sabes sobre pares de factores para explicar si Sheila está o no en lo correcto.

Lección 22: Encontrar los pares de factores para números hasta 100 y usar el conocimiento de los factores para definir números primos y compuestos.

Nombre _____   Fecha _____

Registra los factores de los números proporcionados como enunciados de multiplicación y como una lista ordenada de menor a mayor. Clasifica cada uno como primo (P) o compuesto (C).

	Enunciados de multiplicación	Factores	Primo (P) o Compuesto (C)
a.	9	Los factores de 9 son:	
b.	12	Los factores de 12 son:	
c.	19	Los factores de 19 son:	

Lección 22:   Encontrar los pares de factores para números hasta 100 y usar el conocimiento de los factores para definir números primos y compuestos.

147

© 2019 Great Minds®. eureka-math.org

Sasha dice que todos los números en los veintes son números compuestos porque el 2 es par.

Amanda dice que hay dos números primos en los veintes. ¿Quién tiene la razón? ¿Cómo lo sabes?

_____

_____

_____

_____

Lee   **Dibuja**   **Escribe**

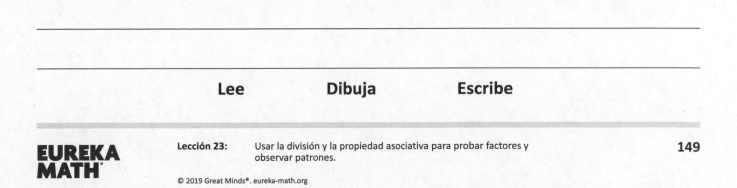

EUREKA MATH

Lección 23:   Usar la división y la propiedad asociativa para probar factores y observar patrones.

© 2019 Great Minds®. eureka-math.org

149

Nombre _____ Fecha _____

1. Explica tu razonamiento o usa la división para responder lo siguiente.

a. ¿Es 2 un factor de 84?	b. ¿Es 2 un factor de 83?
c. ¿Es 3 un factor de 84?	d. ¿Es 2 un factor de 92?
e. ¿Es 6 un factor de 84?	f. ¿Es 4 un factor de 92?
g. ¿Es 5 un factor de 84?	h. ¿Es 8 un factor de 92?

2. Usa la propiedad asociativa para encontrar más factores de 24 y 36.

a. $24 = 12 \times 2$

$ = (\underline{\hspace{1cm}} \times 3) \times 2$

$ = \underline{\hspace{1cm}} \times (3 \times 2)$

$ = \underline{\hspace{1cm}} \times 6$

$ = \underline{\hspace{1cm}}$

b. $36 = \underline{\hspace{1cm}} \times 4$

$ = (\underline{\hspace{1cm}} \times 3) \times 4$

$ = \underline{\hspace{1cm}} \times (3 \times 4)$

$ = \underline{\hspace{1cm}} \times 12$

$ = \underline{\hspace{1cm}}$

3. En clase, usamos la propiedad asociativa para mostrar que, si 6 es un factor, entonces 2 y 3 son factores, porque $6 = 2 \times 3$. Usa el hecho de que $8 = 4 \times 2$ para mostrar que 2 y 4 son factores de 56, 72 y 80.

$$56 = 8 \times 7 \qquad\qquad 72 = 8 \times 9 \qquad\qquad 80 = 8 \times 10$$

4. La primera afirmación es falsa. La segunda afirmación es correcta. Explica por qué, usando palabras, dibujos o números.

Si un número tiene 2 y 4 como factor, entonces 8 es un factor.

Si un número tiene 8 como factor, entonces tanto 2 como 4 son factores.

EUREKA MATH

Nombre _____   Fecha _____

1. Explica tu razonamiento o usa la división para responder lo siguiente.

a. ¿Es 2 un factor de 34?	b. ¿Es 3 un factor de 34?
c. ¿Es 4 un factor de 72?	d. ¿Es 3 un factor de 72?

2. Usa la propiedad asociativa para explicar por qué la siguiente afirmación es verdadera. Si un número tiene 9 como factor, entonces 3 también es un factor.

Lección 23:   Usar la división y la propiedad asociativa para probar factores y observar patrones.

153

8 cm × 12 cm = 96 centímetros cuadrados. Imagina un rectángulo con un área de 96 centímetros cuadrados y una longitud lateral de 4 centímetros. ¿Cuál es la longitud de su lado desconocido? ¿Cómo se verá cuando se compare con el rectángulo de 8 centímetros por 12 centímetros? Dibuja e identifica los dos rectángulos.

_____

_____

_____

_____

Lee   Dibuja   Escribe

Nombre _____   Fecha _____

1. Cuenta 1 minuto para hacer cada una de las siguientes. Observa cuántos múltiplos puedes escribir.

    a. Escribe los múltiplos de 5 empezando desde 100.

    b. Escribe los múltiplos de 4 empezando desde 20.

    c. Escribe los múltiplos de 6 empezando desde 36.

2. Haz una lista de los números que tienen 24 como múltiplo.

3. Usa el cálculo mental, la división o la propiedad asociativa para resolver. (Si quieres, puedes usar papel borrador).

    a. ¿Es 12 un múltiplo de 4? _____   ¿Es 4 un factor de 12? _____

    b. ¿Es 42 un múltiplo de 8? _____   ¿Es 8 un factor de 42? _____

    c. ¿Es 84 un múltiplo de 6? _____   ¿Es 6 un factor de 84? _____

4. ¿Un número primo puede ser un múltiplo de cualquier otro número excepto de sí mismo? Explica por qué sí o por qué no.

5. Siga las instrucciones siguientes.

1	2	3	4	5	6	7	8	9	10
11	12	13	14	15	16	17	18	19	20
21	22	23	24	25	26	27	28	29	30
31	32	33	34	35	36	37	38	39	40
41	42	43	44	45	46	47	48	49	50
51	52	53	54	55	56	57	58	59	60
61	62	63	64	65	66	67	68	69	70
71	72	73	74	75	76	77	78	79	80
81	82	83	84	85	86	87	88	89	90
91	92	93	94	95	96	97	98	99	100

a. Encierra en un círculo rojo los múltiplos de 2. Cuando un número es múltiplo de 2, ¿cuáles son los valores posibles para los dígitos de las unidades?

b. Sombrea con verde los múltiplos de 3. Escoge uno. ¿Qué notaste acerca de la suma de los dígitos? Escoge otro. ¿Qué notaste acerca de la suma de los dígitos?

c. Encierra en un círculo en azul los múltiplos de 5. Cuando un número es múltiplo de 5, ¿cuáles son los valores posibles para los dígitos de las unidades?

d. Dibuja una X encima de los múltiplos de 10. ¿Qué dígito tienen en común todos los múltiplos de 10?

EUREKA MATH

Nombre _____   Fecha _____

1. Llena los múltiplos desconocidos de 11.

    5 × 11 = _____ .

    6 × 11 = _____

    7 × 11 = _____

    8 × 11 = _____ .

    9 × 11 = _____

2. Completa los patrones de múltiplos contando en grupos.

    7, 14, _____, 28, _____, _____, _____, _____, _____, _____

3. a. Haz una lista de los números que tienen 18 como múltiplo.

    b. ¿Cuáles son los factores de 18?

    c. ¿Tus dos listas son iguales? ¿Por qué sí o por qué no?

Nombre _____ Fecha _____

1. Sigue las instrucciones.

   Sombrea con rojo el número 1.

   a. Encierra en un círculo el primer número que no esté marcado.

   b. Tacha cada múltiplo de ese número excepto el que encerraste en un círculo. Si ya está tachado, sáltalo.

   c. Repite los pasos (a) y (b) hasta que cada número esté encerrado en un círculo o tachado.

   d. Sombrea con naranja cada número tachado.

1	2	3	4	5	6	7	8	9	10
11	12	13	14	15	16	17	18	19	20
21	22	23	24	25	26	27	28	29	30
31	32	33	34	35	36	37	38	39	40
41	42	43	44	45	46	47	48	49	50
51	52	53	54	55	56	57	58	59	60
61	62	63	64	65	66	67	68	69	70
71	72	73	74	75	76	77	78	79	80
81	82	83	84	85	86	87	88	89	90
91	92	93	94	95	96	97	98	99	100

Lección 25:   Explorar las propiedades de los números primos y compuestos hasta
               100 usando múltiplos.

© 2019 Great Minds®. eureka-math.org

161

2. a. Haz una lista de los números encerrados en un círculo.

    b. ¿Por qué había números encerrados en un círculo que no se tacharon durante el procedimiento?

    c. Excepto el número 1, ¿qué tienen en común todos los números que tacharon?

    d. ¿Qué tienen en común todos los números encerrados en un círculo?

Lección 25:   Explorar las propiedades de los números primos y compuestos hasta 100 usando múltiplos.

Nombre _____   Fecha _____

Usa el siguiente calendario para completar lo siguiente:

1. Tacha todos los números compuestos.

2. Encierra en un círculo todos los números primos.

3. Haz una lista con los números restantes.

Domingo	Lunes	Martes	Miércoles	Jueves	Viernes	Sábado
					1	2
3	4	5	6	7	8	9
10	11	12	13	14	15	16
17	18	19	20	21	22	23
24	25	26	27	28	29	30
31						

Lección 25:   Explorar las propiedades de los números primos y compuestos hasta 100 usando múltiplos.

163

© 2019 Great Minds®. eureka-math.org

Una cafetería usa tazas de 8 onzas para hacer todas sus bebidas de café. En una semana, sirvieron 30 tazas de café expreso, 400 tazas de café con leche y 5,000 tazas de café normal. ¿Cuántas onzas de bebidas de café hicieron en esa semana?

_____

_____

_____

_____

Lee   Dibuja   Escribe

EUREKA MATH

Lección 26:   Dividir múltiplos de 10, 100 y 1,000 entre números de un solo dígito.

165

© 2019 Great Minds®. eureka-math.org

Nombre _____   Fecha _____

1. Dibuja fichas de valor posicional para representar los siguientes problemas. Reescribe cada uno en forma de unidades y resuelve.

   a. 6 ÷ 2 = _____

      6 unidades ÷ 2 = _____ unidades

      ① ① ①   ① ① ①

   b. 60 ÷ 2 = _____

      6 decenas ÷ 2 = _____

   c. 600 ÷ 2 = _____

      _____ ÷ 2 = _____

   d. 6,000 ÷ 2 = _____

      _____ ÷ 2 = _____

2. Dibuja discos de valor posicional para representar cada problema. Reescribe cada uno en forma de unidades y resuelve.

   a. 12 ÷ 3 = _____

      12 unidades ÷ 3 = _____unidades

   b. 120 ÷ 3 = _____

      _____ ÷ 3 = _____

   c. 1,200 ÷ 3 = _____

      _____ ÷ 3 = _____

EUREKA MATH®

Lección 26:   Dividir múltiplos de 10, 100 y 1,000 entre números de un solo dígito.

167

© 2019 Great Minds®. eureka-math.org

3. Calcula el cociente. Reescribe cada uno en forma de unidades.

a. 800 ÷ 2 = 400 8 centenas ÷ 2 = 4 centenas	b. 600 ÷ 2 = _____	c. 800 ÷ 4 = _____	d. 900 ÷ 3 = _____
e. 300 ÷ 6 = _____ 30 decenas ÷ 6 = ____ decenas	f. 240 ÷ 4 = _____	g. 450 ÷ 5 = _____	h. 200 ÷ 5 = _____
i. 3,600 ÷ 4 = _____ 36 centenas ÷ 4 = ____ centenas	j. 2,400 ÷ 4 = _____	k. 2,400 ÷ 3 = _____	l. 4,000 ÷ 5 = _____

4. Un poco de arena pesa 2,800 kilogramos. Se divide equitativamente entre 4 camiones. ¿Cuántos kilogramos de arena hay en cada camión?

Lección 26:   Dividir múltiplos de 10, 100 y 1,000 entre números de un solo dígito.

5. Ivy tiene 5 veces más adhesivos que Adrián. Ivy tiene 350 adhesivos. ¿Cuántos adhesivos tiene Adrián?

6. El sábado, una tienda de helados vendió $1,600 en helados, lo cual es 4 veces más la cantidad que vendió el viernes. ¿Cuánto dinero reunió la tienda de helados el viernes?

Lección 26:   Dividir múltiplos de 10, 100 y 1,000 entre números de un solo dígito.

169

© 2019 Great Minds®. eureka-math.org

Nombre _____ Fecha _____

1. Calcula el cociente. Reescribe cada uno en forma de unidades.

a. $600 \div 3 = 200$ 6 centenas ÷ 3 = _____ centenas	b. $1,200 \div 6 =$ _____	c. $2,100 \div 7 =$ _____	d. $3,200 \div 8 =$ _____

2. Hudson y 7 de sus amigos encontraron una bolsa con monedas de 1 centavo. Había 320 monedas de 1 centavo, mismas que compartieron equitativamente. ¿Cuántas monedas de 1 centavo recibió cada uno?

EUREKA MATH®

Lección 26:   Dividir múltiplos de 10, 100 y 1,000 entre números de un solo dígito.

171

© 2019 Great Minds®. eureka-math.org

unidades	
decenas	
centenas	
millares	

tabla de valor posicional de millares para dividir

Lección 26:   Dividir múltiplos de 10, 100 y 1,000 entre números de un solo dígito.

173

Emma toma 57 pegatinas de su colección y las reparte equitativamente entre 4 de sus amigas.

¿Cuántas pegatinas recibirá cada amiga? Emma devuelve las pegatinas que sobraron a su colección.

¿Cuántas pegatinas devolvió Emma a su colección?

_____

_____

_____

_____

Lee   **Dibuja**   **Escribe**

EUREKA MATH

Lección 27:   Representar y resolver numéricamente y con fichas de valor posicional
              problemas de división con un dividendo de hasta tres dígitos que
              requieren descomponer un resto en el lugar de las centenas.

© 2019 Great Minds®. eureka-math.org

175

Nombre _____ Fecha _____

1. Divide. Usa fichas de valor posicional para representar cada problema.

a. 324 ÷ 2

b. 344 ÷ 2

Lección 27: Representar y resolver numéricamente y con fichas de valor posicional problemas de división con un dividendo de hasta tres dígitos que requieren descomponer un resto en el lugar de las centenas.

© 2019 Great Minds®. eureka-math.org

177

c. 483 ÷ 3

d. 549 ÷ 3

Lección 27:   Representar y resolver numéricamente y con fichas de valor posicional
problemas de división con un dividendo de hasta tres dígitos que
requieren descomponer un resto en el lugar de las centenas.

© 2019 Great Minds®. eureka-math.org

2. Representa usando fichas de valor posicional y registra usando el algoritmo.

---

a. 655 ÷ 5
Fichas   Algoritmo

---

b. 726 ÷ 3
Fichas   Algoritmo

---

c. 688 ÷ 4
Fichas   Algoritmo

EUREKA MATH®

Lección 27:   Representar y resolver numéricamente y con fichas de valor posicional problemas de división con un dividendo de hasta tres dígitos que requieren descomponer un resto en el lugar de las centenas.

© 2019 Great Minds®. eureka-math.org

179

Nombre _____ Fecha _____

Divide. Usa fichas de valor posicional para representar cada problema. Luego, resuelve usando el algoritmo.

1. 423 ÷ 3
   Fichas   Algoritmo

2. 564 ÷ 4
   Fichas   Algoritmo

Lección 27:   Representar y resolver numéricamente y con fichas de valor posicional
              problemas de división con un dividendo de hasta tres dígitos que
              requieren descomponer un resto en el lugar de las centenas.

© 2019 Great Minds®. eureka-math.org

181

Usa 846 ÷ 2 para redactar un problema escrito. Luego, dibuja un diagrama de cinta que lo acompañe y resuélvelo.

_____

_____

_____

_____

Lee   **Dibuja**   **Escribe**

EUREKA MATH

Lección 28: Representar y resolver numéricamente divisiones con dividendos de tres dígitos y con divisores de 2, 3, 4 y 5.

© 2019 Great Minds®. eureka-math.org

183

Nombre _____   Fecha _____

1. Divide. Verifica tu trabajo con una multiplicación. Dibuja fichas en una tabla de valor posicional si es necesario.

a. 574 ÷ 2

b. 861 ÷ 3

c. 354 ÷ 2

Lección 28:   Representar y resolver numéricamente divisiones con dividendos de
tres dígitos y con divisores de 2, 3, 4 y 5.

185

© 2019 Great Minds®. eureka-math.org

d. $354 \div 3$

e. $873 \div 4$

f. $591 \div 5$

Lección 28:   Representar y resolver numéricamente divisiones con dividendos de tres dígitos y con divisores de 2, 3, 4 y 5.

g. $275 \div 3$

h. $459 \div 5$

i. $678 \div 4$

Lección 28:   Representar y resolver numéricamente divisiones con dividendos de tres dígitos y con divisores de 2, 3, 4 y 5.

187

© 2019 Great Minds®. eureka-math.org

j. $955 \div 4$

2. Zach llenó 581 frascos de un litro con sidra de manzana. Distribuyó los frascos a 4 tiendas. Cada tienda recibió la misma cantidad de frascos. ¿Cuántos frascos de un litro recibió cada tienda? ¿Sobraron frascos? Si es así, ¿cuántas sobraron?

Nombre _____ Fecha _____

1. Divide. Verifica tu trabajo con una multiplicación. Dibuja fichas en una tabla de valor posicional si es necesario.

a. $776 \div 2$	b. $596 \div 3$

2. Un bote de leche contiene 128 onzas. El hijo de Sara bebe 4 onzas de leche en cada alimento. ¿Cuántas porciones de 4 onzas proporcionará un bote de leche?

Lección 28: Representar y resolver numéricamente divisiones con dividendos de tres dígitos y con divisores de 2, 3, 4 y 5.

189

© 2019 Great Minds®. eureka-math.org

Janet usa 4 pies de listón para decorar cada almohada. El listón viene en rollos de 225 pies.

¿Cuántas almohadas podrá decorar con un rollo de listón? ¿Le sobrará algo de listón?

Lee   **Dibuja**   **Escribe**

Lección 29: Representar numéricamente divisiones con dividendos de cuatro dígitos y con divisores de 2, 3, 4 y 5, descomponiendo un resto hasta tres veces.

© 2019 Great Minds®. eureka-math.org

191

Nombre _____   Fecha _____

1.   Divide y luego verifica usando la multiplicación.

---

a. $1{,}672 \div 4$

---

b. $1{,}578 \div 4$

---

c. $6{,}948 \div 2$

Lección 29:   Representar numéricamente divisiones con dividendos de cuatro
dígitos y con divisores de 2, 3, 4 y 5, descomponiendo un resto hasta
tres veces.

© 2019 Great Minds®. eureka-math.org

193

d. $8{,}949 \div 4$

e. $7{,}569 \div 2$

f. $7{,}569 \div 3$

Lección 29:   Representar numéricamente divisiones con dividendos de cuatro dígitos y con divisores de 2, 3, 4 y 5, descomponiendo un resto hasta tres veces.

EUREKA MATH

g. 7,955 ÷ 5

h. 7,574 ÷ 5

i. 7,469 ÷ 3

Lección 29:   Representar numéricamente divisiones con dividendos de cuatro dígitos y con divisores de 2, 3, 4 y 5, descomponiendo un resto hasta tres veces.

© 2019 Great Minds®. eureka-math.org

195

j. $9,956 \div 4$

2. En una granja hay el doble de vacas que de cabras. Todas las vacas y cabras tienen un total de 1,116 patas. ¿Cuántas cabras hay?

Lección 29:   Representar numéricamente divisiones con dividendos de cuatro
                dígitos y con divisores de 2, 3, 4 y 5, descomponiendo un resto hasta
                tres veces.
© 2019 Great Minds®. eureka-math.org

Nombre _____   Fecha _____

1. Divide y luego verifica usando la multiplicación.

a. $1,773 \div 3$	b. $8,472 \div 5$

2. La oficina de correos tuvo la misma cantidad de 4 tipos de sellos. Hubo un total de 1,784 sellos. ¿Cuántos sellos de cada tipo tuvo la oficina postal?

Lección 29:   Representar numéricamente divisiones con dividendos de cuatro dígitos y con divisores de 2, 3, 4 y 5, descomponiendo un resto hasta tres veces.

197

© 2019 Great Minds®. eureka-math.org

En la tienda querían poner 1,455 frascos de jugo en paquetes de 4. ¿Cuántos paquetes completos pueden hacer? ¿Cuántos frascos más necesitan para hacer otro paquete?

_____

_____

_____

_____

Lee   **Dibuja**   **Escribe**

Lección 30:   Resolver problemas de división con un cero en el dividendo o con un cero
en el cociente.

199

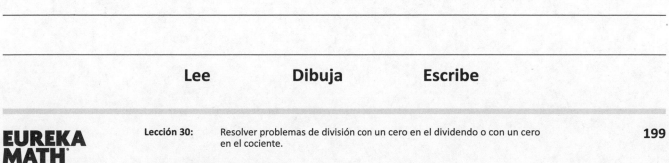

Nombre _____   Fecha _____

Divide. Verifica tus respuestas con una multiplicación.

1. $204 \div 4$

2. $704 \div 3$

3. $627 \div 3$

4. $407 \div 2$

Lección 30:   Resolver problemas de división con un cero en el dividendo o con un cero
en el cociente.

© 2019 Great Minds®. eureka-math.org

201

5. 760 ÷ 4

6. 5,120 ÷ 4

7. 3,070 ÷ 5

8. 6,706 ÷ 5

Lección 30:   Resolver problemas de división con un cero en el dividendo o con un cero
                      en el cociente.

9. 8,313 ÷ 4

10. 9,008 ÷ 3

11. a. Encuentra el cociente y el resto de 3,131 ÷ 3.

b. ¿Cómo podrías cambiar el dígito en la posición de las unidades del entero para que no hubiera resto? Explica comó determinaste tu respuesta.

Nombre _____   Fecha _____

Divide. Verifica tus respuestas con una multiplicación.

1.   380 ÷ 4

2.   7,040 ÷ 3

Lección 30:   Resolver problemas de división con un cero en el dividendo o con un cero en el cociente.

© 2019 Great Minds®. eureka-math.org

205

Es necesario ordenar 1,624 camisas en 4 grupos iguales. ¿Cuántas camisas habrá en cada grupo?

Lee   **Dibuja**   **Escribe**

Lección 31:   Interpretar problemas escritos de división, ya sea como con *la cantidad de grupos desconocidos* o con el *tamaño del grupo desconocido*.

207

Nombre _____   Fecha _____

Dibuja un diagrama de cintas y resuelve. Los dos primeros diagramas de cintas han sido dibujados para ti. Identifica si el tamaño del grupo o el número de los grupos, es desconocido.

1. Mónica necesita exactamente 4 platos en cada mesa para el banquete. Si ella tiene 312 platos, ¿cuántas mesas podrá preparar?

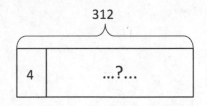

2. Se donaron 2,365 libros a una escuela primaria. Si 5 salones repartieron los libros equitativamente, ¿cuántos libros recibió cada salón?

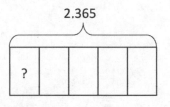

3. Si se empacaron 1,503 kilogramos en sacos de 3 kilogramos cada uno, ¿cuántos sacos se empacaron?

Lección 31:   Interpretar problemas escritos de división, ya sea como con *la cantidad de grupos desconocidos* o con el *tamaño del grupo desconocido*.   209

© 2019 Great Minds®. eureka-math.org

4. Rita hizo 5 lotes de galletas. Había un total de 2,400 galletas. Si cada lote tenía la misma cantidad de galletas, ¿cuántas galletas había en 4 lotes?

5. Todos los días, Sara maneja la misma distancia al trabajo y de regreso a casa. Si Sara manejó 1,005 millas en 5 días, ¿qué distancia manejó Sara en 3 días?

     Lección 31:   Interpretar problemas escritos de división, ya sea como con *la cantidad de grupos desconocidos* o con el *tamaño del grupo desconocido*.

Nombre _____   Fecha _____

Resuelve los siguientes problemas. Dibuja diagramas de cintas para ayudarte a resolverlos. Identifica si el tamaño del grupo o el número de los grupos, es desconocido.

1. En un estacionamiento se estacionaron 572 carros. Se estacionó la misma cantidad de carros en cada piso. Si había 4 pisos, ¿cuántos carros se estacionaron en cada piso?

2. Se empacaron 356 kilogramos de harina en sacos de 2 kilogramos cada uno. ¿Cuántos sacos se empacaron?

Lección 31:   Interpretar problemas escritos de división, ya sea como con *la cantidad
de grupos desconocidos* o con el *tamaño del grupo desconocido.*

© 2019 Great Minds®. eureka-math.org

211

Usa el diagrama de cintas para crear un problema escrito de división que resuelva la incógnita, la cantidad total de grupos de tres en 4,194.

Lee   **Dibuja**   **Escribe**

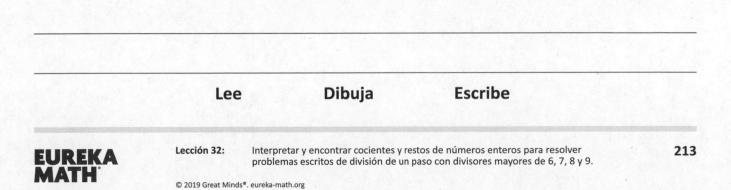

Lección 32:   Interpretar y encontrar cocientes y restos de números enteros para resolver problemas escritos de división de un paso con divisores mayores de 6, 7, 8 y 9.

213

EUREKA MATH

© 2019 Great Minds®. eureka-math.org

Nombre _____ Fecha _____

Resuelve los siguientes problemas. Dibuja diagramas de cintas para ayudarte a resolverlos. Si hay un resto, sombréalo en una pequeña porción del diagrama de cintas para representar esa porción del entero.

1. Una sala de conciertos tiene 8 secciones de asientos con el mismo número de asientos en cada sección. ¿Si hay 248 asientos, cuántos asientos hay en cada sección?

2. En un día, la panadería hizo 719 rosquillas. Las rosquillas fueron divididas en 9 pedidos iguales. Sobraron algunas rosquillas y se las dieron al panadero. ¿Cuántas rosquillas recibió el panadero?

3. La tienda de caramelos tiene 614 piezas de caramelo. Empacaron los caramelos en bolsas con 7 piezas en cada una. ¿Cuántas bolsas de caramelos llenaron? ¿Cuántas piezas de caramelos sobraron?

Lección 32:   Interpretar y encontrar cocientes y restos de números enteros para resolver
               problemas escritos de división de un paso con divisores mayores de 6, 7, 8 y 9.

215

© 2019 Great Minds®. eureka-math.org

4. Había 904 niños inscritos para la carrera de relevos. Si había 6 niños en cada equipo, ¿cuántos equipos se hicieron? Los niños que sobraron apoyaron como árbitros. ¿Cuántos niños apoyaron como árbitros?

5. Se dividieron 1,188 kilogramos de arroz en 7 sacos. ¿Cuántos kilogramos de arroz hay en 6 sacos? ¿Cuántos kilogramos de arroz sobraron?

Lección 32:   Interpretar y encontrar cocientes y restos de números enteros para resolver problemas escritos de división de un paso con divisores mayores de 6, 7, 8 y 9.

© 2019 Great Minds®. eureka-math.org

Nombre _____ Fecha _____

Resuelve los siguientes problemas. Dibuja diagramas de cintas para ayudarte a resolverlos. Si hay un resto, sombréalo en una pequeña porción del diagrama de cintas para representar esa porción del entero.

1. El Sr. Foote necesita exactamente 6 carpetas para cada estudiante de cuarto grado en la Escuela Primaria Hoover. Compró 726 carpetas, ¿a cuántos estudiantes les puede dar carpetas?

2. La Sra. Terrance tiene un bote grande con 236 crayones. Los divide equitativamente entre cuatro contenedores. ¿Cuántos crayones tiene la Sra. Terrance en cada contenedor?

Lección 32:   Interpretar y encontrar cocientes y restos de números enteros para resolver
               problemas escritos de división de un paso con divisores mayores de 6, 7, 8 y 9.

217

© 2019 Great Minds®. eureka-math.org

Escribe una ecuación para calcular la longitud desconocida de cada rectángulo. Luego, calcula la suma de los dos lados desconocidos.

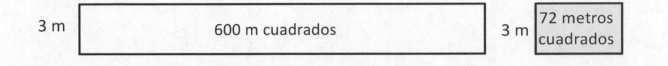

3 m | 600 m cuadrados | 3 m | 72 metros cuadrados

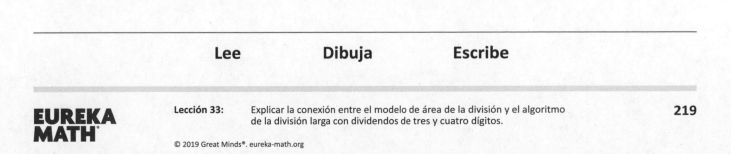

Lee   **Dibuja**   **Escribe**

Lección 33:   Explicar la conexión entre el modelo de área de la división y el algoritmo
de la división larga con dividendos de tres y cuatro dígitos.

Nombre _____   Fecha _____

1. Úrsula resolvió el siguiente problema de división dibujando un modelo de área.

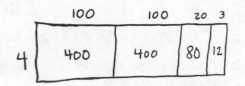

a. ¿Qué problema de división resolvió?

b. Muestra un vínculo numérico para representar el modelo de área de Úrsula y representa la longitud total usando la propiedad distributiva.

2. a. Resuelve 960 ÷ 4 usando el modelo de área. No hay resto en este problema.

b. Dibuja un enlace numérico y usa el algoritmo de la división larga para registrar tu trabajo del inciso (a).

Lección 33:   Explicar la conexión entre el modelo de área de la división y el algoritmo de la división larga con dividendos de tres y cuatro dígitos.

221

© 2019 Great Minds®. eureka-math.org

3. a. Dibuja un modelo de área para resolver 774 ÷ 3.

     b. Dibuja un enlace numérico para representar este problema.

     c. Registra tu trabajo usando el algoritmo de la división larga.

4. a. Dibuja un modelo de área para resolver 1,584 ÷ 2

     b. Dibuja un vínculo numérico para representar este problema.

     c. Registra tu trabajo usando el algoritmo de la división larga.

Lección 33:   Explicar la conexión entre el modelo de área de la división y el algoritmo de la división larga con dividendos de tres y cuatro dígitos.

© 2019 Great Minds®. eureka-math.org

Nombre _____   Fecha _____

1. Ana resolvió el siguiente problema de división dibujando un modelo de área.

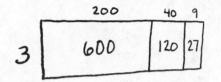

    a. ¿Qué problema de división resolvió?

    b. Muestra un vínculo numérico para representar el modelo de área de Ana y representa la longitud total usando la propiedad distributiva.

_____

2. a. Dibuja un modelo de área para resolver 1,368 ÷ 2.

    b. Dibuja un vínculo numérico para   c. Registra tu trabajo usando el algoritmo de la
        representar este problema.   división larga.

Lección 33:   Explicar la conexión entre el modelo de área de la división y el algoritmo
                de la división larga con dividendos de tres y cuatro dígitos.

223

© 2019 Great Minds®. eureka-math.org

El Sr. Goggins plantó 10 filas de frijoles, 10 filas de calabazas, 10 filas de tomates y 10 filas de pepinos en su jardín. Puso 22 plantas en cada fila. Dibuja un modelo de área, identifica cada parte y después escribe una expresión que represente el número total de plantas en el jardín.

_____

_____

_____

_____

Lee   **Dibuja**   **Escribe**

Lección 34:   Multiplicar múltiplos de 10 de dos dígitos por números de dos dígitos usando una tabla de valor posicional.

225

Nombre _____   Fecha _____

1. Usa la propiedad asociativa para volver a escribir cada expresión. Resuelve usando fichas y, luego, completa los enunciados numéricos.

a.   30 × 24

= (____ × 10) × 24

= ____ × (10 × 24)

= ____

centenas	decenas	unidades

b.   40 × 43

= (4 × 10) × ____

= 4 × (10 × ____)

= ____

millares	centenas	decenas	unidades

c.   30 × 37

= (3 × ___) × ____

= 3 × (10 × ____)

= ____

millares	centenas	decenas	unidades

Lección 34:   Multiplicar múltiplos de 10 de dos dígitos por números de dos dígitos usando una tabla de valor posicional.   227

© 2019 Great Minds®. eureka-math.org

2. Usa la propiedad asociativa y las fichas de valor posicional para resolver.

   a. 20×27

   b. 40×31

3. Usa la propiedad asociativa sin fichas de valor posicional para resolver.

   a. 40×34 b. 50×43

4. Usa la propiedad distributiva para resolver los siguientes problemas. Distribuye el segundo factor.

   a. 40×34 b. 60×25

Lección 34:   Multiplicar múltiplos de 10 de dos dígitos por números de dos dígitos
usando una tabla de valor posicional.

EUREKA
MATH

Nombre _____   Fecha _____

1. Usa la propiedad asociativa para volver a escribir cada expresión. Resuelve usando fichas y, luego, completa los enunciados numéricos.

    20 × 41

          ____ × ____ × ____ = ____

centenas	decenas	unidades

2. Distribuye 32 como 30 + 2 y resuelve.

    60 × 32

Lección 34:   Multiplicar múltiplos de 10 de dos dígitos por números de dos dígitos usando una tabla de valor posicional.

229

© 2019 Great Minds®. eureka-math.org

Katie hizo ejercicio 25 minutos diarios, 30 días del mes. ¿Cuántos minutos en total se ejercitó Katie?

Resuelve usando una tabla de valor posicional.

millares	centenas	decenas	unidades

_____

_____

_____

_____

Lee   **Dibuja**   **Escribe**

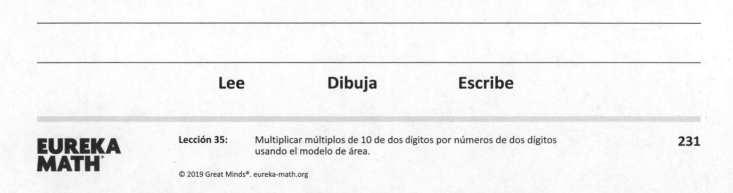

Lección 35:   Multiplicar múltiplos de 10 de dos dígitos por números de dos dígitos
usando el modelo de área.

231

© 2019 Great Minds®. eureka-math.org

Nombre _____ Fecha _____

Usa un modelo de área para representar las siguientes expresiones. Después, registra los productos parciales y resuelve.

1. 20 × 22

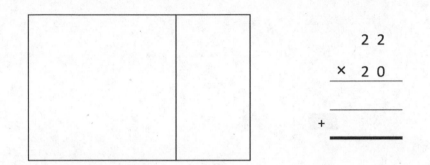

```
    2 2
  ×  2 0
  _____

+ _____
  ════════
```

2. 50 × 41

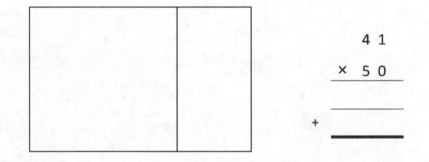

```
    4 1
  ×  5 0
  _____

+ _____
  ════════
```

3. 60 × 73

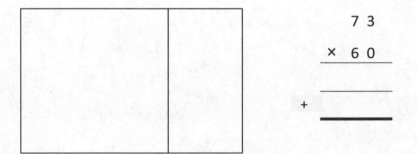

```
    7 3
  ×  6 0
  _____

+ _____
  ════════
```

Lección 35: Multiplicar múltiplos de 10 de dos dígitos por números de dos dígitos usando el modelo de área.

© 2019 Great Minds®. eureka-math.org

233

Dibuja un modelo de área para representar las siguientes expresiones. Después, registra los productos parciales verticalmente y resuelve.

4. 80×32

5. 70×54

Visualiza el modelo de área y resuelve las siguientes expresiones numéricamente.

6. 30×68

7. 60×34

8. 40×55

9. 80×55

   Lección 35:   Multiplicar múltiplos de 10 de dos dígitos por números de dos dígitos usando el modelo de área.

Nombre _____ Fecha _____

Usa un modelo de área para representar las siguientes expresiones. Después, registra los productos parciales y resuelve.

1. 30×93

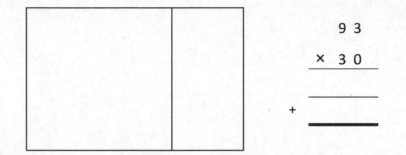

$$
\begin{array}{r}
9\ 3 \\
\times\ 3\ 0 \\
\hline
+ \\
\hline
\end{array}
$$

2. 40×76

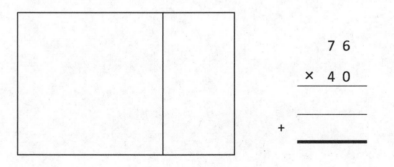

$$
\begin{array}{r}
7\ 6 \\
\times\ 4\ 0 \\
\hline
+ \\
\hline
\end{array}
$$

Lección 35: Multiplicar múltiplos de 10 de dos dígitos por números de dos dígitos usando el modelo de área.

235

© 2019 Great Minds®. eureka-math.org

El Sr Goggins puso 30 filas de sillas en el gimnasio. Si cada fila tenía 35 sillas, ¿cuántas sillas puso el Sr. Goggins? Dibuja un modelo de área para representar y ayudar a resolver este problema.

_____

_____

_____

_____

Lee　　　　**Dibuja**　　　　**Escribe**

Lección 36:   Multiplicar números de dos dígitos por números de dos dígitos usando cuatro productos parciales.

237

EUREKA MATH

Nombre _____   Fecha _____

1. a. En cada una de las dos representaciones ilustradas a continuación, escribe las expresiones que determinan el área de cada uno de los cuatro rectángulos más pequeños.

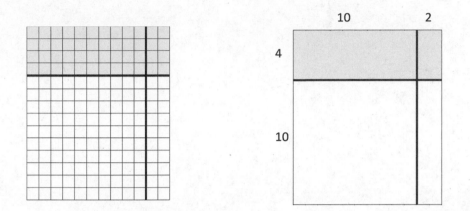

b. Usando la propiedad distributiva, vuelve a escribir el área del rectángulo grande como la suma de las áreas de los cuatro rectángulos más pequeños. Expresa primero en forma numérica y después léelo en forma de unidades.

14 × 12 = (4 × _____) + (4 × _____) + (10 × _____) + (10 × _____)

2. Usa un modelo de área para representar las siguientes expresiones. Registra los productos parciales y resuelve.

14 × 22

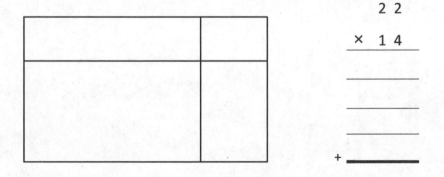

Lección 36:   Multiplicar números de dos dígitos por números de dos dígitos usando
               cuatro productos parciales.

© 2019 Great Minds®. eureka-math.org

239

Dibuja un modelo de área para representar las siguientes expresiones. Registra los productos parciales verticalmente y resuelve.

3. 25×32

4. 35×42

Visualiza el modelo de área y resuelve lo siguiente numéricamente usando cuatro productos parciales. (Si te ayuda, puedes hacer un dibujo de un modelo de área).

5. 42×11

6. 46×11

Lección 36:   Multiplicar números de dos dígitos por números de dos dígitos usando cuatro productos parciales.

© 2019 Great Minds®. eureka-math.org

Nombre _____   Fecha _____

Registra los productos parciales para resolver.

Primero, dibuja un modelo de área para justificar tu trabajo o dibuja un modelo de área al final para verificar tu trabajo.

1.   26 × 43

2.   17 × 55

EUREKA MATH®

Lección 36:   Multiplicar números de dos dígitos por números de dos dígitos usando
                cuatro productos parciales.

© 2019 Great Minds®. eureka-math.org

241

La maestra de Silvia desafió a la clase para que dibujen un modelo de área que represente la expresión 24 × 56 y resolverla usando productos parciales. Silvia resolvió la expresión como se ve a la derecha. ¿Es correcta su respuesta? ¿Por qué sí o por qué no?

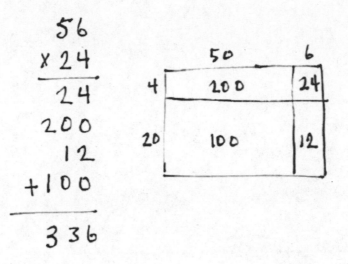

Lee   Dibuja   Escribe

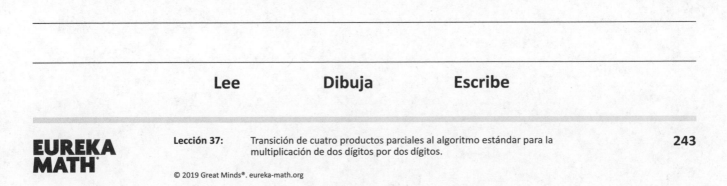

EUREKA MATH   Lección 37:   Transición de cuatro productos parciales al algoritmo estándar para la multiplicación de dos dígitos por dos dígitos.   243

© 2019 Great Minds®. eureka-math.org

Nombre _____ Fecha _____

1. Resuelve 14 × 12 usando 4 productos parciales and 2 productos parciales. Recuerda pensar en términos de unidades al resolver. Escribe una expresión para encontrar el área de cada rectángulo más pequeño en el modelo de área.

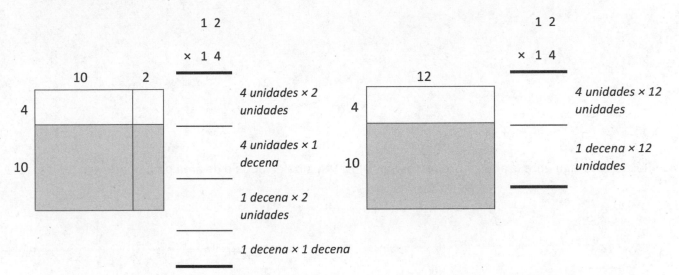

2. Resuelve 32 × 43 usando 4 productos parciales y 2 productos parciales. Relaciona cada producto parcial con su área en las representaciones. Recuerda pensar en términos de unidades al resolver.

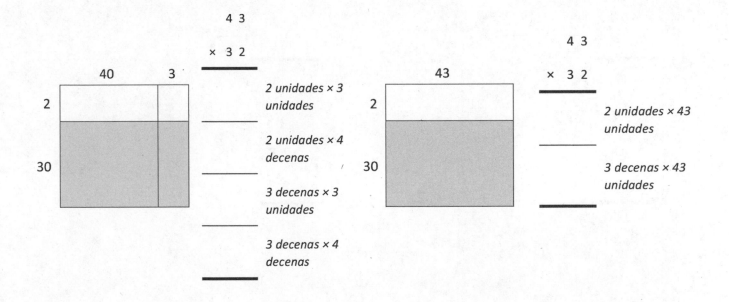

Lección 37:   Transición de cuatro productos parciales al algoritmo estándar para la multiplicación de dos dígitos por dos dígitos.

245

© 2019 Great Minds®. eureka-math.org

3. Resuelve 57 × 15 usando 2 productos parciales. Relaciona cada producto parcial con su rectángulo en el modelo de área.

4. Resuelve lo siguiente usando 2 productos parciales. Visualiza el modelo de área para que te ayude.

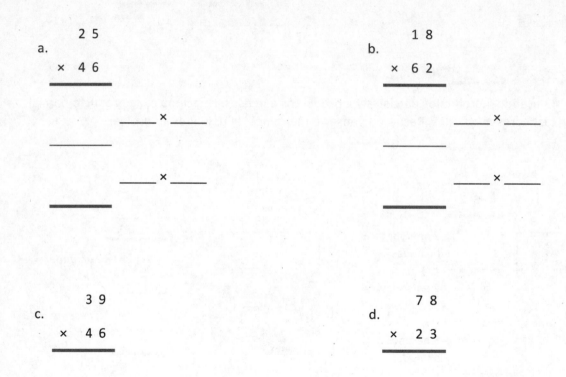

a.
```
    2 5
 ×  4 6
 ─────────
        ____ × ____
 _____
        ____ × ____
 ═════════
```

b.
```
    1 8
 ×  6 2
 ─────────
        ____ × ____
 _____
        ____ × ____
 ═════════
```

c.
```
    3 9
 ×  4 6
 ─────────
```

d.
```
    7 8
 ×  2 3
 ─────────
```

Lección 37:   Transición de cuatro productos parciales al algoritmo estándar para la multiplicación de dos dígitos por dos dígitos.

© 2019 Great Minds®. eureka-math.org

Nombre _____ Fecha _____

1. Resuelve 43 × 22 usando 4 productos parciales y 2 productos parciales. Recuerda pensar en términos de unidades al resolver. Escribe una expresión para encontrar el área de cada rectángulo más pequeño en el modelo de área.

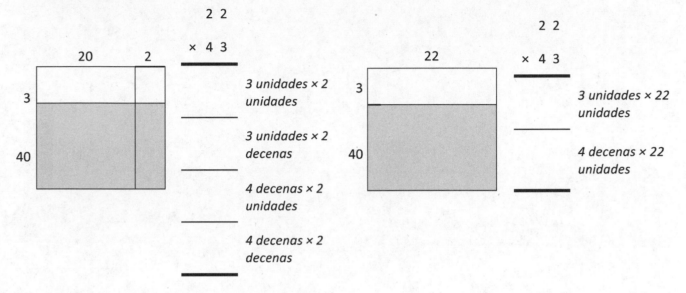

2. Resuelve lo siguiente usando 2 productos parciales.

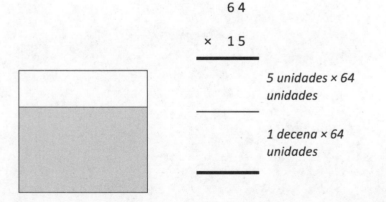

Lección 37:   Transición de cuatro productos parciales al algoritmo estándar para la multiplicación de dos dígitos por dos dígitos.

247

© 2019 Great Minds®. eureka-math.org

El jardín de Sandy tiene 42 plantas en cada fila. Tiene 2 filas de maíz amarillo y 20 filas de maíz blanco. Dibuja un modelo de área (que represente dos productos parciales) para mostrar cuánto maíz amarillo y maíz blanco hay plantado en el jardín.

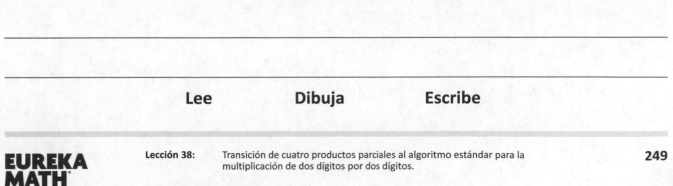

Lee   **Dibuja**   **Escribe**

Lección 38:   Transición de cuatro productos parciales al algoritmo estándar para la multiplicación de dos dígitos por dos dígitos.

EUREKA MATH

© 2019 Great Minds®. eureka-math.org

249

Nombre _____   Fecha _____

1. Expresa 23 × 54 como dos productos parciales usando la propiedad distributiva. Resuelve.

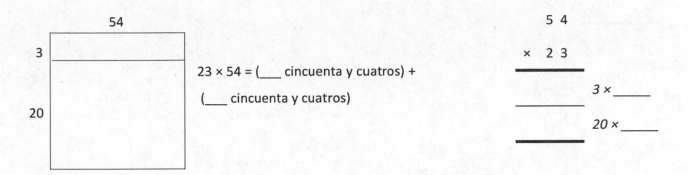

23 × 54 = (____ cincuenta y cuatros) +

(____ cincuenta y cuatros)

```
    5 4
  ×  2 3
  _____

         3 × _____

        20 × _____
```

2. Expresa 46 × 54 como dos productos parciales usando la propiedad distributiva. Resuelve.

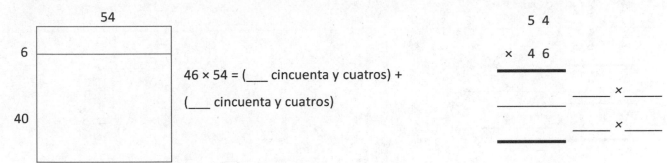

46 × 54 = (____ cincuenta y cuatros) +

(____ cincuenta y cuatros)

```
    5 4
  ×  4 6
  _____

       _____ × _____

       _____ × _____
```

3. Expresa 55 × 47 como dos productos parciales usando la propiedad distributiva. Resuelve.

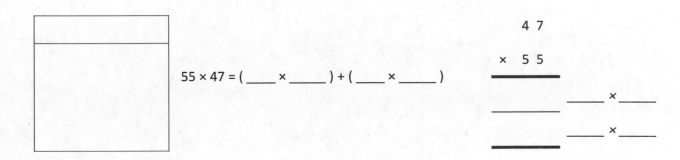

55 × 47 = (____ × _____) + (____ × _____)

```
     4 7
  ×  5 5
  _____

       _____ × _____

       _____ × _____
```

Lección 38:   Transición de cuatro productos parciales al algoritmo estándar para la multiplicación de dos dígitos por dos dígitos.

251

4. Resuelve lo siguiente usando 2 productos parciales.

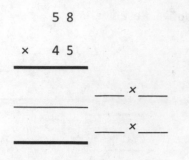

```
      5 8
  ×   4 5
  _____
                ____ × ____
  _____
                ____ × ____
  _____
```

5. Resuelve usando el algoritmo de la multiplicación.

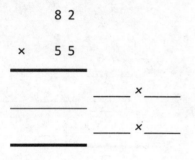

```
      8 2
  ×   5 5
  _____
                _____ × _____
  _____
                _____ × _____
  _____
```

6. 53 × 63

7. 84 × 73

Lección 38:   Transición de cuatro productos parciales al algoritmo estándar para la multiplicación de dos dígitos por dos dígitos.

Nombre _____   Fecha _____

Resuelve usando el algoritmo de la multiplicación.

1.

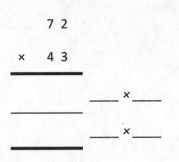

$$
\begin{array}{r}
7\ 2 \\
\times\ \ 4\ 3 \\
\hline
\end{array}
$$

____ × ____

____ × ____

2. 35 × 53

Lección 38:   Transición de cuatro productos parciales al algoritmo estándar para la
multiplicación de dos dígitos por dos dígitos.   **253**

© 2019 Great Minds®. eureka-math.org

Créditos

Great Minds® ha hecho todos los esfuerzos para obtener permisos para la reimpresión de todo el material protegido por derechos de autor. Si algún propietario de material sujeto a derechos de autor no ha sido mencionado, favor ponerse en contacto con Great Minds para su debida mención en todas las ediciones y reimpresiones futuras.